OPC für Anfänger

Das wirksamste Antioxidant und Fundament der Gesundheit. Jünger aussehen und gesünder leben durch Opc. (Reine Haut, weniger Falten, erhöhte Leistungsfähigkeit, stärkeres Immunsystem und vieles mehr)

Biohacking Academy

Inhaltsverzeichnis

OPC für Anfänger

Das natürliche Mittel für die Gesundheit

Was unsere Gesundheit braucht

Heute geschieht etwas, was eigentlich kaum zu verstehen ist. Wir entwickeln uns als Gesellschaft immer weiter. Wir entdecken neue Methoden für fast alles, neue Nahrungsmittel, neue Technik und neue Medizin. Es sollte uns allen also weit besser gehen, als zuvor. Das ist jedoch nicht der Fall. Viele Menschen können empfinden, dass etwas in ihrem Leben fehlt und sehr viele werden davon krank. Heute, in unserer Zivilisation, in der Gesundheit, Wohlstand und Glück regieren sollten, regieren Unglück und Zivilisations- bzw. Wohlstandskrankheiten. Wir haben uns also auf einen Weg begeben, der nicht etwa keine Ergebnisse gebracht hat, sondern dessen Ergebnis eine Verschlechterung der Situation eines jeden Einzelnen von uns ist.

Woran liegt diese Verschlechterung? Wir hören auf die Medizin und die Werbung. Wir lassen uns von der Pharmaindustrie und den Ärzten krank heilen. Mit Natur, mit Gesundheit, mit einem natürlichen Körperbewusstsein und einer natürlichen Fürsorge hat das alles nichts mehr zu tun und das ist es, was uns krank und tagtäglich kränker macht.

Worauf kommt es bei unserer Gesundheit an? Wir müssen innehalten und für einen Moment nachdenken. Wir müssen uns besinnen auf das, was wir in unserem Inneren und unserer Vergangenheit finden. Wir sind die Natur, wie sind ein Bestandteil der Natur und wir brauchen die Natur. Das ist es, was unsere Gesundheit braucht, eine Rückbesinnung.

Ja, Zweifler werden jetzt anführen, dass die Leute früher nicht so lange lebten. Das stimmt aber so nicht. Auch damals sind die Leute alt geworden. Sie haben nur natürlicher als heute gelebt. Sie waren nicht dick, haben keine industrielle Fertignahrung in sich hineingestopft und sich nicht mit künstlicher Medizin und unnützen Operationen langsam selbst ruiniert. Sie haben an der frischen Luft ein Tagwerk verrichtet, das mit dem heutigen Job im Büro nichts mehr zu tun hat. Sie haben unbehandeltes Essen gegessen, ohne sich mit zu viel Fleisch zu überfordern, sondern mehr mit Gemüse ihre Gesundheit verbessert.

Der Schlüssel zur Gesundheit ist es, sich wieder mit der Natur zu vereinen. Wir müssen die Natur sehen, sie anfassen und sie auch in unserer Nahrung wiederfinden. Wie aber sieht die Realität aus? Wir leben in Betonwüsten, essen Fast Food und sehen nur noch im Fernsehen hin und wieder einen Baum. Wir halten uns die Natur mit Plastik vom Leibe. Ja, das geht so weit, dass Leute heutzutage Angst haben, einfach mal ein Tier mit der bloßen Hand anzufassen. Wir sind die Natur einfach nicht mehr gewöhnt.

Unser Geist braucht die Natur und reagiert mit Stress, wenn er sie nicht bekommt. Unser Körper braucht die Natur und reagiert mit Zivilisationskrankheiten, wenn sie ihm vorenthalten wird. Man muss also einen Weg finden, dem Körper Natur pur in konzentrierter Form zuzuführen, damit er wieder all das in sich aufnehmen kann, was ihm täglich fehlt. Das Defizit, das sich dadurch in uns aufbaut, indem wir uns selbst die Natur vorenthalten, ist es, das die sogenannten Wohlstandskrankheiten hervorbringt. Diese Krankheiten sind also nicht wirklich durch den Wohlstand bedingt, wie der Name dies suggerieren möchte, sie sind vielmehr ein Ausdruck von Armut, von der Armut hinsichtlich der Natur.

Eine Antwort auf diese Armut, ein Mittel, diese Naturarmut zu beseitigen, ist das OPC. Dieses wird aus Traubenkernen gewonnen. Die Traube selbst stellt die Grundlage für eines der gesündesten Nahrungsmittel der Welt dar, dem Wein. Dieser hilft in vielen Lagen und wurde schon im Mittelalter benutzt, wenn man viel Kraft brauchte. Auch heute weiß man, dass der regelmäßige Genuss von Wein verschiedenen Krankheiten, vor allem des Herzens, vorbeugen kann.

OPC wird aus den Traubenkernen gewonnen, denn in diesen Kernen ist der Stoff, aus dem das OPC besteht, am stärksten enthalten. Das macht auch Sinn, wenn man sich die biologischen Prozesse anschaut. Der Wein bringt Kraft und verhindert Krankheiten. Er bringt also die Natur in den Körper. Sein Samen sind die Kerne. Diese müssen die besagte Kraft aber noch um ein Vielfaches mehr enthalten, damit sie auch tatsächlich die Fortpflanzung in Form des Wachsens einer neuen Pflanze ermöglichen. In ihnen muss also die Kraft des Weines hoch konzentriert vorliegen und deswegen lohnt es sich, diese Kraft und diese Natur eben aus diesen Kernen zu gewinnen.

OPC kann über 90 Krankheiten heilen. Dazu zählen ganz triviale Probleme, wie zum Beispiel Haarausfall, über Zivilisationskrankheiten bis hin zu den altbekannten Krankheiten, wie zum Beispiel den Erkrankungen des Herzens. OPC schützt auch gegen Strahlung, egal, ob es sich dabei um die schädlichen UV-Strahlen der Sonne oder die Kernstrahlung aus einem Atomkraftwerk handelt.

Das OPC ist damit ein Allheilmittel, zumindest im weitesten Sinne. Es kann praktisch all das heilen, was die Schulmedizin nur schwer oder ganz und gar nicht in den Griff bekommt. Die Medikamente der Pharmaindustrie haben Nebenwirkungen. Wann immer man damit eine Krankheit heilt, löst man etwas Neues, etwas Negatives damit im Körper aus. Gleichzeitig können die Medikamente oftmals von bestimmten Gruppen, zum Beispiel schwangeren Frauen oder Kindern, nicht eingenommen werden, weil die Nebenwirkungen eine zu starke Schädigung in den noch nicht voll entwickelten Körpern hervorbringen würden. OPC dagegen hat keine Nebenwirkungen. Jeder kann es nehmen, egal, ob es sich dabei um einen Erwachsenen, ein Kind, eine stillende oder eine schwangere Frau handelt.

Das OPC soll es vor allem ermöglichen, ohne Chemie und ohne Pharmaindustrie gesund zu werden, indem es dem Körper die Natur zurückgibt, deren Fehlen die Erkrankung erst ausgelöst hat. Die Entscheidung, OPC zu nehmen, ist jedoch natürlich eine Entscheidung, die jeder Einzelne zu treffen hat. Dies ist aber keine Entscheidung pro oder kontra Schulmedizin oder für bzw. gegen die Pharmaindustrie.

Es ist sehr viel einfacher als das. Es ist eine simple Entscheidung für oder gegen die Gesundheit. Man braucht dafür auch nicht studiert oder irgendwelche andere Formen der höheren Bildung oder Erleuchtung durchgemacht zu haben. Ein simpler Versuch wird Klarheit bringen. Wer unter einer Zivilisationskrankheit leidet, der erlebt einen Mangel. Bekämpft er diesen Mangel, indem er den Körper über das OPC das zurückgibt, was ihm fehlt, dann wird die Krankheit langsam verschwinden. Das Wohlbefinden wird zunehmen und die Gesundheit wird es danken. In einem einfachen, ungefährlichen und kurzen Versuch, kann man sich selbst die volle Gewissheit geben und das auch ohne ein jahrelanges Studium.

Die Gesundheit in der heutigen Zeit wird von der Unnatürlichkeit der Umgebung angegriffen. Darum ist es eine simple Tatsache, je natürlicher man lebt, sich ernährt und Mittel nimmt, desto gesünder wird man wieder werden. Man muss nur die Verantwortung für sich selbst wieder übernehmen. Zu lange haben wir uns zurückgelehnt und auf die Experten gehört. Wie oft aber haben die Experten einander widersprochen? Wie oft haben neue Erkenntnisse alte Wahrheiten, die als bewiesen und unangreifbar galten, einfach so wieder umgestoßen? Die Wahrheit ist, dass diese Experten nur eine Meinung haben. Eine Meinung aber kann auch jeder andere besitzen und hier ist es wichtig, seine eigene Verantwortung für seine eigene Gesundheit, seinen eigenen Körper und sein eigenes Wohlbefinden zu erkennen, und die Kontrolle über sie zurückzugewinnen.

Das OPC wird auch nicht durch eine unnatürliche Behandlung gewonnen. Es wird aus Traubenkernen gewonnen, indem diese Kerne einfach nur gewaschen werden. Dabei lösen sich kleine Partikel aus diesen Kernen aus der Nährmasse, die den eigentlichen Samen umgibt, und diese Partikel werden dann in den Kapseln konzentriert, über die man das OPC aufnehmen kann.

Begleitend zum OPC sollte man auch noch Vitamine einnehmen, um eine starke Wirkung aller Mittel zu erreichen. Vor allem ist Vitamin C ein sehr wichtiger Teil einer Therapie mit OPC, denn 95 % aller Prozesse im menschlichen Körper bedürfen der Teilnahme von Vitamin C.

Neben den Vitaminen und dem OPC braucht der Körper natürlich auch Wasser, schon allein aus dem Grunde, weil er selbst zu einem überwiegenden Teil aus Wasser besteht. Dafür sollte man eine halbe Stunde vor jeder Mahlzeit ein Glas Wasser trinken, damit es dem Körper leichter fällt, die Nahrung zu verarbeiten, und die in ihr enthaltene Energie dem Körper zur Verfügung zu stellen.

Weiterhin braucht der Körper auch noch Mineralien. Diese stellen die Bausteine für eine Menge Verbindungen, die man einfach für die Bildung von Zellen, Knochen und anderen Dingen im Körper gebraucht. Auch hier lassen sich Mangelerscheinungen an ausfallenden Haaren, brüchigen Nägeln und einer schlechten Haut ablesen.

Ein weiteres Problem, das wir heute haben, ist zu dickes Blut. Darum nehmen Menschen oftmals chemische Blutverdünner, doch auch darauf sollte man verzichten. Ein natürliches Mittel ist das Nattokinase, das aus Sojabohnen gewonnen wird und selbst schon das Blut dünner macht, und zusammen mit dem OPC eine noch stärkere Wirkung hat. Dann kann das Blut auch die Mineralstoffe und Vitamine transportieren und tatsächlich die Versorgung des Körpers mit allen wichtigen Stoffen sicherstellen.

Für den Blutdruck wiederum kann man L-Arginin einnehmen. Das ist eine natürliche Aminosäure, die Stickstoff in den Arterien bildet, wodurch sich der Blutdruck senkt. Als Nebenwirkung steigert es beim Manne auch noch die Potenz.

Das OPC ist also kein einziges Mittel für sich allein. Es sollte als Bestandteil eines Wirkcocktails eingenommen werden, dessen Bestandteile gemeinsam das natürliche Gleichgewicht in unserem Körper wiederherstellen, indem jedes Einzelne davon dem Körper ein Stück der Natur wieder zurückgibt, die wir uns selbst einfach viel zu lange vorenthalten haben. Die Natur ist es jedoch, die uns wirklich heilt, denn wir alle kommen von ihr und gehen zu ihr zurück. Sie ist der Kreislauf, der alles erschafft und damit ist sie auch das Mittel, das alles heilen kann.

Natürliche Heilmittel und OPC

Es gibt eine allgemeine Wahrheit, die immer stimmt, immer zutrifft und immer unser Leben bestimmt. Wir bzw. unser Körper brauchen einfach die richtigen Dinge, um zu überleben. Wer nicht atmet, der bekommt keinen Sauerstoff und erstickt. Wer nichts trinkt, der bekommt keine Flüssigkeit und verdurstet. Dann braucht man noch Vitamin C, denn der Körper besteht daraus, Mineralien, denn sie sind die Baustoffe und einen Blutverdünner, denn dann kann das eigene Blut auch all das transportieren. Dann ist der Körper ideal versorgt und dann kann man auch noch mehr machen. Wenn man aber diese Grundstoffe nicht zuführt, dann helfen auch keine weiteren Dinge in anderen Bereichen.

Ein Haus braucht ein Fundament, auf welchem die Mauern errichtet werden und das Dach wiederum braucht die Mauern, um auf etwas aufliegen zu können. Anders ausgedrückt, wer seiner Gesundheit etwas Gutes tun will, aber auf die Atmung, das Trinken von genügend Wasser, Vitamin C, Mineralien oder einen Blutverdünner verzichtet, wird mit seinem Extra keinen Erfolg haben. Wer also zum Beispiel extra Magnesium einnehmen möchte, tut sich eigentlich etwas Gutes. Wenn aber das Blut zu dick ist, dann wird das extra Magnesium nicht helfen, denn es wird nicht dahin transportiert, wo es benötigt wird. Das Blut wird es einfach nicht aufnehmen können.

Geschwollene Gelenke zum Beispiel sind eine Folge von zu engen und zu unflexiblen Arterien. Wer jetzt noch extra Mineralstoffe zuführt, ohne zuerst das Blut zu verdünnen oder die Arterien flexibler zu machen, wird keinen Erfolg haben. Das Blut wird die Mineralien einfach nicht in die Gelenke bekommen, weil es zu dick ist. Erst wenn der Weg in die Gelenke geebnet ist, können die Giftstoffe, die die Schwellung hervorgebracht haben, abtransportiert und die Mineralstoffe in das Gelenk hineingebracht werden.

Der Extrakt aus den Traubenkernen, der die Grundlage für das Mittel OPC bildet, ist nicht etwa eine neue Medizin. Die Trauben wurden als Wein schon seit Hunderten von Jahren als Medizin benutzt. Die Verwendung der Traubenkerne zu medizinischen Zwecken bzw. die Nutzung des Extraktes aus den Traubenkernen ist bereits über 60 Jahre alt.

Damals vor 60 Jahren wurden Erdnüsse als Futter für die Tiere verwendet. Die rote Schale wurde jedoch als giftig angesehen und daher nicht verfüttert. Eine Untersuchung der Schale jedoch ergab, dass diese das beste Mittel für gesunde und vor allem weite Blutgefäße enthielt. Daraus wurde dann ein Medikament für die Blutgefäße und es wurde entdeckt, dass die Traubenkerne dieses Mittel in weit höherer Konzentration enthielten, sodass die Traubenkerne die Grundlage für das neue Medikament bildeten.

Weiterhin schützt das OPC auch als Antioxidans. Das bedeutet, dass es freie Radikale eliminiert. Die freien Radikale sind Atome. Unsere Zellen in unserem Körper bestehen aus Molekülen, die ihrerseits aus Atomen aufgebaut sind. Freie Radikale sind Atome, die sehr gern eine Reaktion mit ihrem Umfeld eingehen. Dabei verändern sie andere Atome, brechen sie aus den Molekülen heraus, die dann ihrerseits nicht mehr im gewohnten Maße existieren und reagieren können. Das ist in etwa so, als würde man ein Stück Haut aus dem Arm herausreißen. Das Gleiche geschieht in den Zellen durch die freien Radikale. Sie reißen ein Stück aus den Zellen heraus. Das geht so weit, dass die freien Radikale Zellen töten können. Das OPC als Antioxidans bindet diese freien Radikale und verhindert, dass sie die Zellen um sich herum durch ihre Reaktionen schädigen.

Wer OPC nimmt, der heilt seinen ganzen Körper aus zwei sehr wesentlichen Gründen. Als Erstes verhindert das OPC die Schädigung durch freie Radikale, die unter anderem auch für das Altern, faltige Haut, Altersflecken und Ähnliches verantwortlich sind. Als Zweites sorgt das OPC dafür, dass das Blut dünner wird und so alle Stoffe, die der Körper irgendwo in irgendeiner Form braucht, auch dorthin transportiert werden können. Das OPC verdünnt also das Blut und macht es damit aufnahmefähiger. Gleichzeitig kann es auch in die engen Blutgefäße vordringen und damit die Nährstoffe auch an den Stellen abliefern, die vorher unerreichbar waren.

Wichtiger noch ist, dass OPC durch die Blut-Hirn-Schranke geht. Damit kann es vor allem dafür sorgen, dass das Blut wieder vollständig mit allem versorgt wird, das es braucht. Das bedeutet aber auch umgedreht, dass das Blut die Dinge aus dem Gehirn abtransportieren kann, die sich dort abgelagert haben. Dafür muss man wissen, dass sich in jeder Zelle Stoffwechselendprodukte bilden, die giftig sind. Diese müssen abtransportiert werden, um Entzündungen und schwere Schädigungen zu vermeiden. Dazu kommen noch Giftstoffe, die wir durch die Nahrung aufnehmen und die sich dann ablagern. Auch diese müssen abtransportiert werden. Die Blut-Hirn-Schranke kann dies jedoch ebenso verhindern, wie zu dickes Blut oder zu unflexible Arterien.

Alzheimer und Demenz entstehen, weil das Gehirn langsam und Stück für Stück abstirbt. Das Sterben aber beginnt, weil die Zellen durch die Giftstoffe beschädigt werden, die nicht mehr abtransportiert werden können. Gleichzeitig werden die Stoffe nicht zu den Gehirnzellen gebracht, die für eine Funktion dieser Zellen nötig ist. Da die Zellen jedoch durch die Gifte geschädigt werden, brauchen sie Stoffe, die ihnen dabei helfen, sich zu regenerieren. Auch diese Stoffe werden den Gehirnzellen vorenthalten. Die Folge ist eben Alzheimer und Demenz, in welchen das Gehirn und mit ihm der Geist langsam stirbt. OPC erlaubt es, das Blut dünn genug zu halten, damit die Giftstoffe abtransportiert werden, die Nährstoffe zu den Gehirnzellen gelangen und die Bausteine für eine Reparatur verfügbar sein können.

Weiterhin verhindert OPC die Ablagerung von Eiweißen im Gehirn. Zusammen mit der verbesserten Versorgung bedeutet dies nicht nur eine Verhinderung von Demenz und Alzheimer, es bedeutet auch, dass man sich besser konzentrieren und besser an Dinge erinnern kann.

OPC erweitert auch den Geist. Weil dieser leistungsfähiger ist, fällt es nicht nur leichter, seine Umgebung sofort wahrzunehmen, sondern auch das Gesehene zu verarbeiten, und darauf zu reagieren. Das bedeutet, wir haben ein ausgeprägtes soziales Leben, verstehen die Dinge mehr und können noch immer Neues lernen.

OPC ist der konzentrierteste Weg, Natur einzunehmen. Das Blut wird innerhalb von 24 Stunden dünn genug, um all die Stoffe aufzunehmen. Das betrifft sowohl den Sauerstoff und die Nährstoffe, die zu den Zellen hin transportiert werden, als auch die Giftstoffe, die von den Zellen weggebracht und dann ausgeschieden werden.

Das OPC bewirkt also, dass der Körper und der Geist gesund werden. Man fühlt dies auch, wenn man selbst ruhiger wird und der Stress abnimmt. Man selbst ist dann wieder bereit, etwas Neues zu erleben und wieder mit Agilität und Freude am Leben teilzunehmen.

Medikamente verursachen eine langsame geistige Umnachtung, weil sie das eigentliche Problem nicht angehen oder sogar in den Nebenwirkungen die Psyche beeinflussen. Warum weiß es niemand? Pharmakonzerne machen Geld, indem sie ihre Medikamente verkaufen. Jede neue Generation von Medikamenten bringt dabei eine Preissteigerung. Wenn man das also verfolgt, dann bedeutet das, dass sich die Einnahmen der Pharmakonzerne alle paar Jahre vervielfachen. Warum also sollte jemand OPC wollen oder gar anpreisen? Das OPC ist ein ganz billiges Mittel, das einfach nur hilft. Damit sind die Krankheiten ein Ding der Vergangenheit. und wo bleibt der Profit der Konzerne?

Ja, das ist das Problem. Die Konzerne akzeptieren das Mittel nicht, denn es bringt ihnen nichts. Gleichzeitig geben ihnen ihre Profite eine unheimlich starke Lobby. Wie soll da das OPC und andere einfache Mittel, die praktisch nichts kosten, noch dagegen ankommen? Das ist wie David gegen Goliath, nur, dass Goliath dieses Mal tatsächlich zu gewinnen scheint.

Jede Krankheit kommt von einer Unterversorgung. So ist zum Beispiel die Schuppenflechte eine Folge dessen, dass der Körper seine Hautzellen nicht genug versorgt. Eine Salbe wirkt dann von oben und bekämpft die Entzündung der Haut, die die Schuppenflechte eigentlich ist. Diese Entzündung bewirkt, dass sich die Zellen 500-mal schneller als normal regenerieren und dann als Schuppen abfallen. Die Salbe aber löst das Problem nicht. Mit OPC wird die Unterversorgung abgestellt und die Haut kann sich von ganz allein regenerieren. Es braucht keine Salbe oder Ähnliches. Es liegt einfach daran, welche Stoffe von innen, aus dem Körper heraus, die Haut erreichen. Haut und Haare wachsen von innen. Wenn also das Problem nicht an der Wurzel gelöst wird, dann nützt auch die beste Salbe nichts. Darum kann man die Salbe auch nicht lange absetzen, denn dann kommt die Entzündung sofort wieder zurück. Die Salbe hat eben nicht die Gründe, sondern nur die Symptome bekämpft.

Was die meisten Menschen nicht wissen, ist, dass solche Salben Kortison enthalten, welches ein künstliches chemisches Mittel darstellt und selbst wieder Schäden verursacht. Homöopathisches Kortison dagegen kann wirklich helfen und auch die Schäden des chemischen Kortisons heilen. Besser ist es jedoch, gleich OPC zu nehmen, und so direkt die Ursachen bei der Wurzel anzugehen, anstatt nur die Symptome zu behandeln.

OPC hilft bei allen Problemen mit den Arterien und Venen. Es macht das Blut dünn genug, damit es überall hingelangt. Es macht die Arterien flexibel genug, damit sie sich erweitern können. Thrombosen, Hämorriden, schwere Beine und alle anderen Durchblutungsstörungen gehören damit der Vergangenheit an. So sind zum Beispiel Hämorriden Venen, die ausgeleiert sind. Eine Operation verletzt nur das gesamte Gebiet, während es OPC den Venen erlaubt, sich von allein zurückzuziehen, und ihre natürliche Funktion beizubehalten.

Naturmittel sind viel effektiver als die künstliche Chemie der Pharmakonzerne. Wer das nicht glaubt, kann die natürlichen Mittel einfach für eine Woche oder zwei ausprobieren. Stellt sich kein Erfolg ein, dann kann man immer noch zur Chemie greifen. Stellt sich der Erfolg jedoch wie erwartet ein, dann kann man auf die Chemie und ihre körperfremden Mittel, die immer negative Nebenwirkungen haben, ganz einfach verzichten. Die Chemie hilft also weder viel noch gefahrlos, doch es ist die teure Chemie und nicht die billige Natur, die uns ständig verkauft wird.

OPC ist aber kein Stand-alone-Mittel. Man nimmt es zusammen mit Mineralien und Vitamin C sowie L-Arginin. Die eigentliche Hilfe erfolgt von den Mineralien, denn sie geben uns die Bausteine, die wir brauchen, dem L-Arginin aus dem gleichen Grund und dem Vitamin C, denn unser Körper besteht daraus. Das alles ist allein jedoch nicht genug, denn all das muss erst dorthin gelangen, wo es auch tatsächlich gebraucht wird. Das geschieht über das Blut und dementsprechend braucht man das OPC, damit das Blut den Transport auch wirklich durchführen kann.

Wenn zum Beispiel ein Problem im ungenügenden Abtransport von Eiweißen vorliegt, also der Verfettung unserer Arterien, dann löse ich das nicht mit einem Bypass. Was wir brauchen, ist eine Reparatur der Arterien, die auf das Cholesterin reagieren und es selbst dann abtransportieren können.

Die Arterien bestehen aus Kollagen. Das hält sie elastisch und durchlässig für die Nährstoffe, die Gifte und den Sauerstoff. Solange genügend Kollagen vorhanden ist, wird sich niemals etwas dort ablagern und die Arterien können sich allen Belastungen anpassen. Geschieht das jedoch nicht, dann liegt keine Erkrankung vor, die der Behandlung durch Medizin oder einer Operation bedarf, sondern ein Defizit, für das man einfach nur die Stoffe zuführen muss, die dem Körper bis dato gefehlt haben.

Die Behandlung heutzutage von verstopften Arterien behandelt nicht das Problem, sondern das Symptom. Der Körper reagiert, und wir bekämpfen die Reaktion. Das aber hilft dem Patienten nicht, das zerstört ihn. Dadurch entsteht ein Teufelskreis. Wir beschwören mehr negative Symptome herauf, die wir dann behandeln, doch immer lassen wir die eigentliche Ursache aus dem Blick fallen.

Ein anderes Beispiel ist der Haarwuchs. Es gibt tausend Mittel, die den Haarwuchs beschleunigen oder einen Haarausfall verhindern bzw. eine Glatze rückgängig machen sollen. Die Wahrheit ist jedoch ganz einfach. Die Haare brauchen Nährstoffe. Wenn der Körper die Kopfhaut nicht genug durchbluten kann, dann werden nicht genügend Nährstoffe dorthin transportiert. Gleichzeitig bleiben die Giftstoffe im Haarboden, denn sie werden nicht abtransportiert. OPC nun erlaubt es, die Giftstoffe zu entfernen, während gleichzeitig die Nährstoffe die Haarwurzeln erreichen. Die Folge ist ein unglaublicher Haarwuchs, den kein anders Mittel erreichen kann.

Das OPC selbst produziert dabei keine Nebenwirkungen. Niemand wurde damit vergiftet und selbst schwangere Frauen können es verwenden. Was sagt uns das? Das sagt uns, dass das OPC das natürlichste Mittel ist, und dass es als natürliches Mittel auch keinen Schaden im Körper anrichtet, sondern einfach nur hilft, die Schäden, die die Unnatur in ins verursacht hat, auszugleichen. Schwangere Frauen sind dabei das Maß aller Dinge, denn sie beherbergen das ungeborene Leben, das am empfindlichsten auf Störungen reagiert. Sie können das OPC nehmen, dann kann es auch jeder andere.

Schwangere Frauen erfahren sogar eine Linderung der üblichen Schwangerschaftsprobleme. Es gibt keine Morgenübelkeit, keine dicken Beine und keine anderen Beschwerden. Warum nicht? Weil der Körper sowohl sich als auch das ungeborene Kind ausreichend mit allem und in jeder Hinsicht versorgen kann, das für das Heranwachsen des Fötus und das weitere Bestehen der Mutter nötig ist. Das Kind profitiert auch noch davon. Es wird mit einem perfekten Immunsystem geboren. OPC kann vom jüngsten bis zum ältesten Menschen gegeben werden. Das können Babys ebenso wie Rentner sein.

Schlaganfälle gehören ebenso mit OPC der Vergangenheit an. Sie passieren nämlich aufgrund einer geplatzten Ader. Wer jedoch OPC nimmt, verdoppelt die Widerstandsfähigkeit der Blutgefäße innerhalb von 24 Stunden. Dann gibt es keine Schlaganfälle und keine Infarkte mehr. Insbesondere das Gehirn ist gefährdet, und das vor allem bei Bluthochdruck. Mit OPC können aber auch die kleinen Blutgefäße im Gehirn dem höheren Blutdruck widerstehen.

Diabetes ist auch kein Problem mehr. Das dicke Blut vermindert auch die Empfindlichkeit gegenüber dem Insulin. Wenn das Blut jedoch dünner wird, dann gibt es auch mehr Insulin und das Hauptproblem von Diabetes kann bekämpft werden.

Jeder Schmerz im Körper entsteht, weil es nicht genug Wasser gibt. Wenn man das Wasser, zum Beispiel ein Glas voll, eine halbe Stunde vor den Mahlzeiten trinkt, dann bewirkt das eine Menge. Als Erstes verhindert es, dass die Zellen austrocknen und dadurch Schmerzimpulse senden. Als Zweites bewirkt es, dass die Nahrung vollständig verwertet wird. Als Drittes bewirkt es, dass die Energie der Nahrung für den Energiebedarf des Körpers verwendet und nicht als Fett eingelagert wird. Vor jeder Mahlzeit, was auch Snacks sowie einen Schokoriegel oder einen Apfel mit einschließt, sollte eine halbe Stunde davor ein Glas Wasser getrunken werden. Dann gehen auch die meisten anderen Probleme von allein wieder zurück.

Überall braucht man Vitamin C. Der Körper besteht daraus. Daher muss man zusammen mit OPC das Vitamin C einnehmen, damit es das Blut, dank des OPC, überall hin transportieren kann. Das Vitamin C ist im Körper von überragender Bedeutung. Da es der Körper aber selbst nicht produziert, muss es eingenommen werden.

Selbst die Abführmittel braucht man nicht mehr, wenn man genügend Vitamin C einnimmt. Dann nämlich löst sich auch im Alter jede Verstopfung, und alle Tätigkeiten verlaufen reibungslos. Ohne Vitamin C wird jedoch der Darm durch die Giftstoffe verstopft, die auch seine normale Tätigkeit verhindern.

Vitamin C und Zucker sind für den Körper das Gleiche. Das bedeutet auch, dass Vitamin C gegen Diabetes hilft. Das Vitamin C, die Aminosäuren und andere Heilmittel sind also auch ohne die Lieblingschemie der Pharmakonzerne geeignet, die heutigen Beschwerden zu lindern bzw. die Wohlstandskrankheiten, die nur ein Ausdruck für die vorherrschenden Defizite sind, zu bekämpfen. Das bedeutet auch, dass das OPC von überragender Bedeutung ist, denn dieses Mittel erlaubt es den anderen Mitteln, die Stellen mit den größten Defiziten im Körper zu erreichen, und diese Defizite zu lindern bzw. zu beenden. Dann aber braucht man die Chemie der Medikamente nicht und kann auch ohne Ärzte und Pharmakonzerne ein unbeschwertes und vor allem gesundes Leben führen.

Wie OPC hilft

Trauben haben sich heute in ihrer Bedeutung erheblich fortentwickelt. Schon früher waren sie als Wein bedeutsam für den Einzelnen und seine Kraft, wurde es dann in ein Medikament in Frankreich verwandelt und ist nun als OPC immer mehr in aller Munde. Die Trauben enthalten also ein gesundes Geheimnis, welches nun dank des OPC für alle zugänglich wird.

OPC ist ein Extrakt aus den blauen und roten Trauben. Sie haben die meiste Kraft. Die blauen Trauben werden bevorzugt, denn sie sind die stärksten Trauben. Die weißen Trauben haben einen so geringen Anteil an den Wirkstoffen, dass sie nicht benutzt werden.

Das OPC hilft gegen mehr als 90 Krankheiten, und das haben Studien bereits belegt. Dazu ist es das beste Mittel gegen Sonneneinstrahlung und es hilft, wenn man sich Haare wachsen lassen möchte. Es hilft auch noch gegen Atomstrahlung. Trotzdem sind die Pharmakonzerne nicht bereit, dieses Mittel als Heilmittel anzuerkennen, denn es erlaubt nicht die riesigen Profitspannen, die chemische Mittel mit sich bringen. Die Mittel werden eben nicht aus Menschlichkeit oder Mitgefühl verabreicht, sondern aus dem üblichen Profitstreben heraus.

OPC ist ein reines Naturmittel und seine Wirksamkeit wurde mit mehr als 2000 Studien belegt. Das Wichtigste an diesem Mittel ist, dass es bereits innerhalb von 24 Stunden nach seiner Einnahme die Festigkeit der Arterien und Venen verdoppelt. Das kann allein in Deutschland bereits pro Jahr mehr als 250.000 Schlaganfälle verhindern. Von diesen Schlaganfallpatienten stirbt die Hälfte und die andere Hälfte trägt bleibende Schäden davon und muss dann ein Leben lang damit umgehen bzw. sogar in Behandlung bleiben. Damit ist der Schlaganfall die teuerste Krankheit für die Bevölkerung hier überhaupt. OPC kann dies jedoch komplett verhindern und kostet dabei so wenig.

OPC ist auch nicht nur zur Heilung einer einzelnen Krankheit oder eines einzigen Körperteils geeignet. Es heilt über 90 Krankheiten und dies im gesamten Körper. Das bedeutet, eine Medizin hilft gegen so viel und heilt uns ganzheitlich.

Unser Körper verlässt sich bei seiner Versorgung natürlich auf das Blut. Diese rote Flüssigkeit ist der wichtigste Transporteur überhaupt. Das beginnt beim Temperaturausgleich, sodass nicht ein Körperteil wärmer als das andere ist, und das geht weiter, über die Versorgung mit Sauerstoff und Nährstoffen. Mindestens ebenso wichtig ist aber auch der Abtransport des Stickstoffs und der Giftstoffe, die in den Zellen produziert werden, sodass sie über den Stuhl bzw. den Urin wieder ausgeschieden werden können. Das Blut hat also eine immense und allumfassende Bedeutung in uns. Damit es all diese Funktionen übernehmen kann, muss es aber bestimmte Eigenschaften aufweisen. Es muss in der Lage sein, all die Stoffe, die es transportieren soll, sei es Sauerstoff, Nährstoffe oder Gifte, in sich aufzunehmen, und es muss in der Lage sein, jeden Ort in unserem Körper zu erreichen, denn nur dann kann es alles dorthin bringen bzw. dort abholen, wo dies jeweils nötig ist. Der wichtigste Punkt hierfür ist, dass das Blut dünn genug ist. Dann kann es weitere Stoffe für den An- bzw. Abtransport in sich speichern und es kann auch noch in die allerkleinsten Blutgefäße vordringen, um seine Aufgabe zu erledigen.

Die meisten Menschen verfügen über ein relativ dickes Blut und unflexible Arterien. OPC nun macht das Blut dünner und die Arterien flexibel und widerstandskräftiger. Damit kann das Blut seine Aufgaben erfüllen, denn es erhält die Fähigkeit, etwas in sich aufzunehmen, zu speichern und zu transportieren und es kann jeden Ort in unserem Körper erreichen.

Statistische Untersuchungen haben ergeben, dass 60 bis 70% der Bevölkerung an zu dickem Blut leiden. Dickes Blut kann jedoch nicht so viele Stoffe aufnehmen und transportieren. Damit besteht eine eindeutige Mangelversorgung in unserem Körper. Als ob das nicht schon schlimm genug wäre, kann das dicke Blut auch nicht jeden Punkt in unserem Körper erreichen. Das bedeutet, dass die Bereiche, die von kleinen Blutgefäßen versorgt werden, keine Versorgung bekommen, denn das Blut ist einfach nicht dünn genug, um in die richtig kleinen Gefäße vordringen zu können.

Das OPC bewirkt drei Dinge auf einmal. Es macht innerhalb einer sehr kurzen Zeit das Blut dreimal so dünn, wie bei unbehandelten Menschen. Es stärkt die Arterien, damit sie mit dem dünnen Blut, welches dann insgesamt ein höheres Volumen hat, umgehen können, und es verfälscht nicht das Blut, so wie es chemische Blutverdünner oftmals tun. Wenn man dieser Logik folgt, könnte man in Deutschland innerhalb von 24 Stunden den Schlaganfall komplett beenden, denn OPC lässt diese extreme Reaktion des Körpers nicht mehr zu. Daneben hilft OPC aber auch noch bei Hautkrankheiten, Haarausfall, gegen Depressionen und noch vielen anderen Krankheiten. Mit OPC wäre Deutschland das gesündeste Land der Welt. Um dies zu erreichen, müsste man noch nicht einmal tief in die Tasche greifen, denn es kostet nur ein paar Cent pro Tag, um die nötige Menge an OPC aufzunehmen.

Wer sich für die Einnahme von OPC entscheidet und bereits Medikamente von einem Arzt verschrieben bekommen hat, und diese bereits nutzt, kann sie natürlich auch weiterverwenden. Es gibt keine Wechselwirkungen zwischen OPC und irgendwelchen Medikamenten, denn OPC ist ein natürlicher Stoff, und die Wechselwirkungen entstehen immer nur zwischen chemischen Mitteln, nicht aber zwischen Natürlichen bzw. in der Kombination Chemie mit Natur. Der Beweis sind die Tiere. Diese sind hundertmal gesünder als der Mensch, und sie bekommen keine Pillen oder andere Pharmazeutika. Sie haben nur ihre natürliche Ernährung mit natürlichen Dingen, und da entsteht auch keine Wechselwirkung, die eine negative Reaktion hervorbringen würde. So wird bei den Menschen auf 5000 Geburten ein behindertes Kind geboren, während es zum Beispiel bei den Rindern nur auf 500.000 Geburten der Fall ist. Der Schutz kommt von der Natur und den natürlichen Mitteln, und nicht von der Chemie, die uns ihre Wunder verkaufen will.

Das größte Problem für uns Menschen ist, dass wir uns der Natur entwöhnt haben. Wir schauen fern, spielen Computer, sitzen in unseren Büros, wo wir auch nur noch auf die Monitore starren, und das war es dann. Selbst bei einem Spaziergang, beim Jogging bzw. beim Radfahren nehmen wir die Natur um uns herum kaum noch wahr. Das geht sogar so weit, dass man dank Laufbändern und Ergometern das Jogging und Radfahren daheim vor dem Fernseher erledigen kann. Das setzt sich dann auch in unserer Ernährung fort, wo die Fertiggerichte das natürliche Essen verdrängen, und das geht so weiter mit der Medizin, wo uns die Chemie gegen die Krankheit von heute hilft, und zum Patienten von morgen macht.

Wir leben in Beton und umgeben uns mit Plastik. Der Körper und der Geist reagieren. Wir werden krank und depressiv. Das OPC erlaubt uns nun, die Natur pur zurück in unseren Körper zu bringen. Das reinigt ihn und hilft ihm, sich zu regenerieren. Es belebt auch wieder den Geist und drängt die Depression zurück. Wir werden wieder resistenter gegen Stress und können unser Leben wieder bewusst und voller Freude führen.

Zwei Gläser Rotwein pro Tag verhindern einen Herzinfarkt. Das OPC ist jedoch weit wirkungsvoller. Ein Glas Rotwein enthält zwischen 0,2 und 2 mg OPC, während eine Kapsel bereits 120 mg OPC enthält. Damit erreicht man auch entsprechend mehr. Jede Kapsel OPC repräsentiert mithin zwischen 60 und 600 Gläser Rotwein. Rotwein verhindert Herzinfarkte zu 30 %. OPC tut dies zu 100 %. Das bedeutet für die Weinliebhaber nicht, dass sie auf ihr tägliches Glas Rotwein verzichten müssen. Sie können dies natürlich weiterhin auch neben dem OPC trinken.

OPC sollte am besten mit Vitamin C zusammen eingenommen werden. Leider wird heutzutage das Vitamin C in den Medien zunehmend negativ dargestellt, so wird unter anderem behauptet, dass es Nierensteine erzeugt. Vitamin C ist jedoch der Baustoff unseres Körpers und es baut Kollagen auf, das wiederum für die Elastizität und Festigkeit unserer Haut, der Bindehaut, der Haare und der Nägel von Bedeutung ist. Jeder Einzelne hat nicht nur einen hohen Bedarf an Vitamin C, sondern besteht auch zu einem sehr großen Teil daraus. Zusammen sorgt das OPC für das dünne Blut, welches das Vitamin C transportieren kann, und das Vitamin C gibt dem Körper die Baustoffe, die er für seine Regeneration braucht, und der Körper regeneriert sich ständig. Innerhalb von 3 Monaten ist so gut wie jede Körperzelle durch eine Neue ersetzt worden. Alle 3 Monate sind wir also ein komplett neuer Mensch, und für diesen ständigen Aufbau an Gewebe brauchen wir den Baustoff Vitamin C. Weiterhin laufen 95 % aller Prozesse in unserem Körper über das Vitamin C. Es ist also wichtig, wichtiger und am wichtigsten, und das OPC hilft bei dem Transport dieser so bedeutenden Substanz. Mineralstoffe runden das Ganze dann noch ab, und schon hat der Körper die drei Stoffe, OPC, Vitamin C und Mineralien, die das Fundament unserer Gesundheit ausmachen.

Diese drei Stoffe helfen jedoch nicht einfach nur dem Körper, sie geben uns auch unsere Mündigkeit wieder. Wir können uns aus der Abhängigkeit von der Schulmedizin und den Pharmazeutika der großen Konzerne befreien und selbst wieder unsere Gesundheit herstellen. Wir sind dann wieder selbst bestimmte Wesen mit der Kontrolle über das eigene Leben.

Risse in den Arterien, Probleme in den Gelenken und Probleme mit den Augen, all das gehört mit OPC der Vergangenheit an. OPC macht die Arterien fest und gleichzeitig geschmeidig, sodass sie sich unter der Belastung ausdehnen können, aber nicht reißen. Arterien bestehen aus Kollagen und das Vitamin C, unter dem Transport dank des OPC, baut die Arterien auf.

Für die Augen besteht das Problem, dass die Zellen dort aus Vitamin C bestehen. Für den Körper sind das Vitamin C und Zucker jedoch gleich. Unser Körper ist heutzutage durch das industrielle Essen mit Zucker überschwemmt, sodass der Körper versucht, die Zellen in den Augen durch den Einsatz von Zucker zu regenerieren. Das bedeutet aber auch, wir sehen immer schlechter, denn es wird einfach nicht das richtige Material verwendet. Wenn man nun Vitamin C einnimmt, und dank des OPC dieses überall im Körper verteilt wird, kann dieser auch wieder den richtigen Baustoff für die Regeneration der Augen verwenden, was bedeutet, wir können wieder gut sehen bzw. wir verlieren zumindest unsere Sehkraft nicht.

Weiterhin kommen die Probleme mit den Gelenken oftmals daher, weil dort die Blutgefäße sehr klein sind. Das Blut ist dann zu dick, um die Gelenke ausreichend mit Nährstoffen zu versorgen. Gleichzeitig werden die Giftstoffe in den Gelenken nicht abtransportiert, was zu Entzündungen und den Gelenkschmerzen führt.

Was passiert bei der Einnahme von OPC?

OPC ist eine Garantie für Schutz und Schönheit des Körpers. Das wird durch drei Dinge erreicht. Erstens verdünnt es das Blut, zweitens stärkt es die Arterien und drittens wirkt es als Antioxidans. Damit kann man das OPC also auch als ein Schönheitsmittel bezeichnen, auch wenn dies mehr eine Nebenwirkung der guten Gesundheit ist, die man sich mit dem OPC verschafft.

Besitzt der Körper nicht genug Vitamin C, dann fängt er an, sich unter der Verwendung von Zucker zu regenerieren, denn die Zuckermoleküle und das Vitamin C haben für den Körper eine gleiche Beschaffenheit. Leider irrt sich der Körper dabei jedoch, was erhebliche Auswirkungen hat.

Der Körper verwendet den Zucker anstelle des Vitamins C vor allem in drei Bereichen. In den Arterien, der Haut und in den Augen. In den Augen bewirkt der Zucker, dass unsere Sehkraft nachlässt, denn das Gewebe wird schwächer, sodass das Auge sich nicht mehr entsprechend fokussieren kann. In den Arterien eingesetzt, werden diese durchlässig und schwach. Es droht der Verlust von Blut durch kleine, innere Wunden und Schlaganfälle. In der Haut sorgt der Zucker für eine unreine Beschaffenheit, Rötungen und eine Anfälligkeit gegenüber Flechten, Pilzen und anderen Problemen.

Nimmt man OPC in Verbindung mit Vitamin C, dann können sich die Arterien mit dem richtigen Mittel regenerieren. Das OPC verdünnt das Blut und kann das Vitamin C so überallhin transportieren. Damit werden die Arterien, die sich wieder mit Vitamin C vollstopfen können, fest und elastisch. Risse und damit auch Schlaganfälle gehören der Vergangenheit an.

Für die Augen bedeutet das, dass das Vitamin C die Außenseite fest und geschmeidig macht. Das OPC sorgt dafür, dass das Vitamin C dann auch noch in die kleinsten Bereiche vordringen kann, denn in den Augen sind die Blutgefäße sehr dünn. Mit einer festen Wandung, die dennoch elastisch ist, kann sich das Auge wieder richtig fokussieren und man kann wieder schärfer sehen. Der Fokus geschieht nämlich über die Verformung des Auges, und dafür muss das Auge einfach die nötige Festigkeit in Verbindung mit der nötigen Elastizität mitbringen.

In der Haut öffnet die Verwendung von Zucker anstelle des Vitamins C Krankheitserregern Tür und Tor. Hier bringt das Vitamin C wiederum eine straffere, elastische Haut. Das lässt Falten verschwinden und hilft der Haut, sich gegen die Erreger zu wären. Um dies alles zu gewährleisten, braucht man noch OPC, denn das OPC verdünnt das Blut genug, damit es auch noch in die feinsten Äderchen der Haut vordringen kann und das Vitamin C so seine Wirkung erzielt.

Unser Körper und unsere Haut sind auch noch von einem ständigen Beschuss durch freie Radikale bedroht, die die Moleküle, aus denen die Zellen gemacht sind, aufsprengen, und damit dem Körper und der Haut ständig kleine Wunden zufügen. Das OPC, als Antioxidans, bewirkt nun, dass die Radikale neutralisiert werden, bevor sie ihr Zerstörungswerk beginnen können. Damit beugt das OPC der Hautalterung, aber auch tieferen Schäden in unserem Körper vor. Damit kann der Körper sich ganz auf seine normale Regeneration konzentrieren und muss nicht noch ständig Vitamin C für die Heilung der Schäden abzweigen.

OPC macht die Haut glatt und geschmeidig. Es wirkt wie ein Facelifting und kann die Haut um Jahre verjüngen. Damit ist OPC jedoch nicht das einzige Mittel. Auch andere Stoffe wirken als Antioxidans und bringen damit eine ähnliche Wirkung hervor. Der Unterschied ist jedoch, dass das OPC zwanzigmal stärker als das Vitamin E und fünfzigmal stärker als das Vitamin C in seiner antioxidativen Wirkung ist.

OPC kann aber noch viel mehr. So bewirkt es eine schnelle Wundheilung, denn dank des dünnen Blutes, welches es bewirkt, werden viele Nähr- und Baustoffe schnell und leicht in die benötigten Bereiche, sprich, die Wunden gebracht. Ebenso sind das OPC und das Vitamin C für die Bildung von Kollagen, welches für die Regeneration der Haut gebraucht wird, verantwortlich. Es liefert also den Baustoff gleich selbst und hilft dabei noch, das Vitamin C heranzuschaffen.

Weiterhin machen die Wirkstoffe in dem OPC Bakterien unschädlich. Auch das wiederum trägt zu einer schnellen Wundheilung bei, denn dort können sich keine bakteriellen Erreger festsetzen und zum Beispiel zu einer Entzündung führen. Das wiederum beschleunigt die Regeneration der Haut und der beschädigten Arterien. Letzteres verstärkt dann erneut den An- und Abtransport der Nähr- und Baustoffe und der Gifte.

OPC hilft auch bei Neurodermitis und das gleich mehrfach. Es hilft gegen Bakterien, wirkt gegen Entzündungen, verbessert die Versorgung mit Nährstoffen und den Abtransport von Giften und es bringt selbst mehr Kollagen, welches die Widerstandsfähigkeit der Haut erheblich erhöht.

Neben der allgemeinen Hemmung von Entzündungen schafft es das OPC auch, das Immunsystem zu stärken. Damit können allgemein Infektionen schon in ihrer Entstehung verhindert oder in der Folge schneller bekämpft werden, sodass Erkrankungen entweder gar nicht erst auftreten oder innerhalb kürzester Zeit wieder abklingen.

Die Wirkung ist auch dahin gehend, dass der Haarboden besser durchblutet wird. Damit können die Haarwurzeln unter anderem auch Kollagen, aber auch mehr Nährstoffe aufnehmen und die Gifte, die auch im Haarboden anfallen, werden verstärkt abtransportiert. Das sorgt für einen kräftigen Haarwuchs und die Haare selbst sind gesünder, voller und auch noch voller Glanz. Das Haar wird auch noch weicher und es wächst überdurchschnittlich dick und auch länger, was besonders für Frauen eine gute Botschaft ist. Japanische Studien haben belegt, dass die Haarfollikel unter dem Einfluss des OPC bis zu 230 % mehr Zellen produzieren. Ebenso beeinflusst es den Haarzyklus und sorgt dafür, dass sich mehr Haare in der Anlagenphase, der Wachstumsphase, befinden.

OPC sorgt für gesunde Augen und eine volle Sehkraft bis ins hohe Alter. Brillen und Kontaktlinsen sind damit überflüssig. Eine tägliche Einnahme von 300 mg OPC kann die Belastung der Augen, die durch die Arbeit am Computer entsteht, innerhalb von 60 Tagen wieder rückgängig machen.

OPC wirkt auch bei Bluthochdruck, Karies und Diabetes. Es senkt den Cholesterinspiegel. Es wirkt auch gegen Allergien. Durch die Stärkung des Immunsystems und die korrekte Versorgung des Körpers mit den richtigen Baustoffen braucht dieser keine Abwehrreaktion gegen andere Stoffe aufzubauen. So kann die Stärke von Heuschnupfen, aber auch von Nahrungsmittelallergien damit wirksam reduziert und nach einer entsprechenden Einnahmedauer auch ganz abgebaut werden.

Das OPC schützt das Gehirn und die Nerven. Für das Gehirn sorgt es vor allem dafür, dass das Blut wieder alle Teile ausreichend versorgen kann, und dass die Giftstoffe wieder abtransportiert werden. Die Leitfähigkeit der Nerven wird wieder erhöht und dank des dünneren Blutes können auch mehr Botenstoffe transportiert werden. Gleichzeitig erhöht sich die Empfindlichkeit der Rezeptoren. Das öffnet auch den Weg, das OPC bei der Behandlung von ADS einzusetzen. Wichtig ist dabei, dass das OPC die Blut-Hirn-Schranke überwinden kann und dabei bei der Regulierung der Neurotransmitter hilft.

OPC hilft bei Krampfadern, Ödemen und Schwellungen. Es hilft bei Krampfadern, indem es den Adern wieder ihre Festigkeit zurückgibt. Es hilft bei Ödemen und Schwellungen, indem es gleichzeitig die Stoffe, die für eine Regeneration nötig sind, an die betroffenen Stellen transportiert und gleichzeitig den Abtransport der giftigen Stoffe, die das Ödem bzw. die Schwellung erst hervorgebracht haben, wieder abtransportiert.

OPC kann auch im Bereich der Krebsbehandlung eingesetzt werden. So kann es eine Entstehung von verschiedenen Krebsarten verhindern bzw. bereits bestehenden Krebs in der Brust oder im Darm bekämpfen. Dabei bewirkt es dies vor allem durch Sauerstoff. Die Verdünnung des Blutes erlaubt es, mehr Wasserstoff in die betroffenen Bereiche zu bringen. Krebszellen sind jedoch anaerob. Das bedeutet, sie fühlen sich in einer sauerstoffreichen Umgebung nicht wohl. Ist die Konzentration des Sauerstoffes hoch genug, dann wirkt es wie ein Gift gegen den Krebs. Das bedeutet, dass sich ein neuer Krebs, wenn die Krebszellen also noch schwach sind, gar nicht erst bilden kann, und ein bereits bestehender Krebs zumindest geschwächt werden kann, was diesen wiederum anfälliger gegen eine Chemotherapie oder eine radiologische Behandlung macht. In beiden Fällen hilft das OPC, die Nebenwirkungen zu reduzieren. Gegen die Nebenwirkungen einer Chemotherapie hilft es, indem es die giftigen Stoffe entfernt und den Zellen die Mittel gibt, die sie für eine Regeneration und damit einer Reparatur der erlittenen Schäden bedürfen. Gegen die Nebenwirkungen einer Strahlentherapie hilft es, indem es die gesunden Zellen gegen die Strahlung schützt bzw. erlittene Schäden reparieren hilft.

Wie man sehen kann, eignet sich das OPC für eine sehr breite Anwendung in unserem Körper. Es gibt uns unsere Gesundheit, Jugend und Schönheit wieder. Es verstärkt unser Wohlbefinden und es hilft sogar gegen die schlimmsten Auswirkungen unserer heutigen Zeit, gegen Diabetes, Krebs und Allergien. Das alles schafft es, ohne dabei teuer zu sein, und ohne den Körper mit noch mehr Chemie zu belasten. Es bringt einfach nur die Natur zurück und es erlaubt dem Körper, sich selbst zu heilen, indem es diesem nur die richtigen Stoffe zur Verfügung stellt und sie vor allem auch überall dorthin, wo sie benötigt werden, verteilt. Wenn alle Menschen in Deutschland das OPC nehmen würden, würden viele Krankenhäuser schließen können und die Pharmakonzerne würden viel weniger Profit machen. Das erklärt auch, warum dieses Mittel nicht überall zum Einsatz kommt und das, obwohl es nachweislich alle Wirkungen mit sich bringt, die für die heutige Gesundheit so bedeutend sind.

Die richtige Dosierung

OPC ist kein Medikament, doch es ist ein Heilmittel. Da stellt sich vor allem die Frage, wie viel der Körper denn davon bedarf, und wie man seine Einnahme dosieren soll. Dabei kann man eigentlich nicht zu hoch greifen, denn es wird immer wieder ausgeführt, dass OPC keine Nebenwirkungen hat und als natürlicher Stoff auch in keiner Weise giftig ist. Anders ausgedrückt theoretisch kann man davon so viel nehmen, wie man möchte. Das ist natürlich aus zwei Gründen heraus ein wenig abwegig.

Als Erstes will man sich nicht einfach so den Bauch mit OPC voll-stopfen. Auch wenn es stimmt, dass OPC keine Nebenwirkungen hat, bedeutet das nicht, dass viel auch viel hilft. Anders ausgedrückt, auch ohne Nebenwirkungen kann das OPC einfach in einer so hohen Dosis aufgenommen werden, dass man nur einen Bruchteil davon wirklich verwertet und der Rest dann nur noch einen teuren Urin produziert.

Zweitens kann auch ein natürliches Mittel diese Wirkung übertreiben. Dann aber stellt man dem Körper keine Hilfe zur Seite, sondern man belastet ihn, und auch das will man ja eigentlich vermeiden, denn man will sich heilen und besser fühlen und nicht mit einer zu starken Wir-kung kämpfen.

Der Tagesbedarf an OPC errechnet sich aus dem Gewicht, welches man hat. Der Bedarf liegt bei 2,5 mg pro Kilogramm Körpergewicht. Wer also 100 kg schwer ist, sollte 250 mg pro Tag an OPC zu sich nehmen. Wer dagegen nur 80 kg wiegt, der braucht noch immer 200 mg und mit 60 kg Körpergewicht sind es dann noch 150 mg, die man jeden Tag einnehmen sollte.

Um nun zu errechnen, wie viele Kapseln man schlucken sollte, muss man die Menge des Wirkstoffes pro Kapsel in Erfahrung bringen. Dies steht normalerweise auf der Verpackung. Wenn eine Kapsel 200 mg des Wirkstoffes enthält und man selbst 80 kg wiegt, dann liegt man mit einer einzigen Kapsel genau richtig. Am besten sollte man vor dem Kauf für sich ausrechnen, wie viele Milligramm man pro Tag genau benötigt, und dann die Kapseln so kaufen, dass man deren Wirkstoff pro Kapsel leicht darin unterbringen kann. Wenn also eine Kapsel 50 mg enthält und man selbst 60 kg wiegt, dann braucht man pro Tag 150 mg und das sind dann 3 Kapseln. Man sollte also das Mittel so wählen, dass man es tatsächlich dem eigenen Bedarf pro Tag anpassen kann.

Zu dem OPC selbst nimmt man aber noch begleitend weitere Stoffe ein, damit das Fundament der Gesundheit tatsächlich aufgebaut werden kann. Dies beginnt mit dem Vitamin D3. Davon sollte gerade am Anfang 40 Tropfen am Tag zusätzlich zum OPC einnehmen. Dazu kommen dann noch 10 Tropfen für das Vitamin K2. Später dann, wenn man die ersten Schäden ausgeglichen hat, nimmt man im Sommer von dem Vitamin D3 noch immer 5 Tropfen und im Winter 10 Tropfen. In der kalten Jahreszeit braucht der Körper mehr Vitamin D3, um der Belastung durch die Kälte zu widerstehen. Das Vitamin K2 nimmt man weiter mit 10 Tropfen, doch auch das kann man im Sommer auf 5 Tropfen reduzieren.

Der Körper braucht aber auch Mineralstoffe, vor allem Magnesium. Davon sollte man 300 mg pro Tag einnehmen. Das Vitamin C ist der wichtigste Stoff. Hier muss man sich nach seinem Wohlbefinden bzw. seiner Gesundheit richten. Wenn man sich wohlfühlt, ist der Körper wahrscheinlich eher wenig geschädigt und es genügen 300 mg pro Tag. Ist das Wohlbefinden jedoch nicht so gut, dann liegen schon Schädigungen vor und man nimmt am besten 500 mg pro Tag. Wer jedoch erkrankt ist oder eine Sehhilfe benutzt, der kann die Dosierung auch bis auf 1000 mg am Tag erhöhen. Vitamin C ist interessanterweise eine milde Säure, die im Körper jedoch basisch wirkt. Das bedeutet, dass man sie nicht überdosieren kann, denn in der heutigen Welt nimmt man sowieso ein Übermaß an Säure zu sich.

Für die Leute, die unter einer Verstopfung leiden, bietet sich hier eine einfache und gesunde Möglichkeit, diese Verstopfung zu beenden. Dazu nimmt man einfach nur die doppelte bis dreifache Dosis des Magnesiums oder des Vitamin C, eines davon ist genug, und schon löst sich die Verstopfung wieder.

Für einen Zeitraum von 4 Monaten kann man sein Immunsystem von den Schädigungen der Vergangenheit regenerieren lassen, indem man ihm das Vitamin B12 jeden Tag in Höhe von 1000 bis 2000 Mikrogramm pro Tag zuführt. Dazu kann man ein oder zwei Lutschtabletten zu jeweils 1000 Mikrogramm oder bis zu 4 Kapseln zu jeweils 500 Mikrogramm einsetzen. Wenn man mal mehr nimmt, ist das kein Problem. Auch Vitamin B12 kann man nicht überdosieren. Das, was zu viel ist, wird einfach ausgeschieden. Man sollte einfach nur die normale Dosierung einhalten, um nicht zu teuren Urin zu produzieren.

Manche Leute leiden unter einer zu schwachen Magensäure, der Säure Pepsin. Das bringt dann den Säurereflux, denn die Speisen verbleiben dann im Magen, bis die zu schwache Säure diese vorverdauen kann. Das führt dann dazu, dass der Brei im Magen mit der Magensäure Pepsin vermischt wird, was einem Kochen gleichkommt, was dann dazu führt, dass die Säure wieder aus dem Magen herausspringt. Dagegen geht man vor dem Essen an, indem man ein Glas Wasser trinkt, was unter anderem auch dem Säurespiegel hilft, und in das Wasser etwas Saft einer frisch gepressten Zitrone gibt. Die Zitrone verbessert dann die Magensäure. Alternativ helfen auch Milch und Salz. Dann ist die Säure stark genug, um das Essen entsprechend vorzuverdauen, sodass es dann im Folgenden weiter in den Darm geleitet werden kann. Mit dem Salz können sich jedoch geschmackliche Probleme verbinden und die Milch kann dann später im Darm zu Problemen führen, indem sie sich dort als Schlacke ablagert. Daher ist es besser, einfach den Saft einer frischen Zitrone zu verwenden.

Dazu sollte man auch noch L-Arginin nehmen. Dieses gibt es als Pulver zu kaufen und man braucht pro Tag 5 g. Das L-Arginin ist ein

Protein, dass gerade bei der Reparatur von beschädigten Zellen bzw. bei deren Neubildung zum Einsatz kommt. Im Blut wiederum erzeugt Arginin Stickstoff, der ebenfalls für unseren Körper sehr wichtig ist, indem er zum Beispiel die Durchlässigkeit der Zellmembran erhöht, sodass mehr Nährstoffe in die Zellen und die Giftstoffe aus diesen heraus gelangen können. Außerdem hilft der Stickstoff gegen Bluthochdruck. Dies geht besonders gut in Verbindung mit dem OPC, welches das Blut so dünnmacht, dass es tatsächlich in alle Blutgefäße gelangen kann und somit mehr Raum bekommt, in welchem es sich ausdehnen kann.

Bei der Verwendung der meisten OPC-Kapseln muss man jedoch vorsichtig sein, denn dort wird oftmals der Anteil am OPC falsch angegeben. Meistens liegt der Wert, so wie er auf der Verpackung aufgedruckt ist, bei 95 %. Das ist jedoch falsch, denn das bezeichnet nur die Polyphenole. Was man tatsächlich braucht, ist das reine OPC. Der Anteil des reinen OPC, den man aus den Traubenkernen gewinnen kann, liegt jedoch bei höchstens 50 %. Das bedeutet wiederum, wenn die Kapseln 95 % aufweisen, was sich jedoch nur auf die Polyphenole bezieht, dann muss man diesen Wert noch einmal halbieren, also 47,5 %, damit man den Anteil für den besten Fall hat. Der beste Fall liegt jedoch meistens nicht vor, sodass der Anteil sogar noch geringer ist.

Wenn man auf einer Verpackung liest, dass eine Kapsel 100 mg OPC enthält, dann trifft das in Wahrheit nur auf den Traubenkernextrakt zu. Es sind also nicht 100 mg OPC, sondern 100 mg Traubenkernextrakt. Die meisten Anbieter bekommen dabei eine Reinheit von 40 % hinsichtlich des echten OPC hin. Das bedeutet ganz einfach, dass die 100-mg-Kapsel tatsächlich nur 40 mg OPC enthält und selbst das ist nicht sicher, weil es eben auf die Reinheit des Extraktes ankommt. Wer also 80 kg wiegt und daher 200 mg pro Tag einnehmen sollte, der muss von diesen 100 mg Kapseln nicht zwei, sondern insgesamt 5 nehmen, um tatsächlich seinen Tagesbedarf zu decken.

Wer also seine Tagesdosis richtig berechnen möchte, muss sein Gewicht kennen, die Menge des Wirkstoffes innerhalb einer Kapsel und die Reinheit des OPC innerhalb des Stoffes. Die Reinheit kann zwischen 30 bis 50 % schwanken, daher ist es gut, wenn man sich entsprechend zuerst ein wenig informiert und nicht einfach irgendetwas kauft. Heute gibt es oftmals Zertifikate, die man auch auf Amazon finden kann, die genau Auskunft darüber erteilen, wie viele Prozent das Mittel tatsächlich an echtem OPC enthält. Die Hersteller selbst geben dahin gehend nicht immer etwas an.

Die Kapseln enthalten neben dem OPC nur noch ein Mittel, welches den Kapselüberzug bildet und ansonsten keine weiteren Zusatzstoffe. Es gibt also keine Konservierungsmittel und Ähnliches. Das OPC hält sich aufgrund seiner antibakteriellen Wirkung von allein sehr lange und bedarf also derartiger Stoffe nicht. Damit führt man seinem Körper auch nichts zu, was man schon in seiner Nahrung nicht möchte. Anders ausgedrückt, die Kapseln sind Natur pur und ohne Chemie. Damit können sie die Natur und dadurch auch die Gesundheit wieder zurück in unseren Körper und unser Leben bringen und dieses entsprechend bereichern.

Die Einnahme von OPC

OPC kann man in verschiedenen Weisen seinem Körper zuführen, auch wenn sich die Kapseln bis jetzt am meisten durchgesetzt haben. Interessant ist auch zu wissen, wo das OPC noch vorkommt und wie die Kapseln selbst hergestellt werden.

Das richtige, das eigentliche, das echte OPC wird aus den Traubenkernen gewonnen, wobei es nicht nur das OPC ist, was man dann am Ende erhält, sondern auch die anderen Polyphenole. Das bedeutet, man muss erst den Reinheitsgrad analysieren, wie viel von dem OPC in dem Traubenkernextrakt enthalten ist, um eine Aussage darüber zu treffen, wie viel OPC man eigentlich mit einem bestimmten Mittel einnimmt.

Im Körper gibt das OPC einem wieder die Natur zurück und es bekämpft so Krankheiten, entgiftet den Körper und hilft ihm, sich zu regenerieren oder einfach nur richtig zu funktionieren. Neben den direkten Anwendungen bei Beschwerden kann man das OPC auch generell einsetzen, um jeder Art von Erkrankung vorzubeugen und auch Entzündungen, die nur allzu oft im Körper entstehen, zu verhindern. Studien haben die Wirksamkeit nachgewiesen. Damit ist belegt, dass das OPC die Funktionalität in unserem Körper erhöht, ihm bei der Regeneration hilft und Entzündungen hemmt, sowie auch noch freie Radikale bindet. Das bedeutet, das OPC spielt für den Körper eine absolut nicht zu unterschätzende Rolle und muss ihm daher in ausreichender Weise zur Verfügung gestellt werden.

Gerade in der heutigen Zeit mit den Wohlstandskrankheiten ist es die antioxidative und entzündungshemmende Wirkung, die eine immer größer werdende Bedeutung erlangt. Insbesondere für den Transport der Stoffe im Blut und für die Wirkung als Antioxidans ist das OPC in diesem Sinne schon berühmt geworden. Bevor man es sich jedoch selbst zuführt, es also an sich selbst ausprobiert, sollte man auch wissen, wie es hergestellt wird, welche Alternativen es gibt und was man bei der Einnahme beachten sollte.

Wie wird das OPC gewonnen? Die Antwort ist einfach, aus der ältesten und kräftigsten Medizin, die die Menschheit kennt, dem Wein. Naja, es ist nicht wirklich der Wein, sondern das Ausgangsprodukt des Weines. Der Wein hat seine stärkende Kraft und seine Wirksamkeit als Mittel zur Steigerung der Gesundheit schon seit Jahrtausenden bewiesen. Der Wein wird aus Trauben gewonnen. Die Traubenkerne jedoch enthalten das, was den Wein so gesundheitsfördernd macht, in weit konzentrierterer Form. Das OPC ist darin weit mehr vorhanden und auch viel wirksamer. Die Traubenkerne haben es also vom Abfallprodukt der Weinhersteller zum neuen Renner in der alternativen Heilung geschafft.

Früher waren die Kerne in den Trauben unbeliebt. Das lässt sich auch daran ablesen, dass selbst bis heute noch kernlose Trauben in den Supermärkten angeboten werden, dabei aber sind es die Kerne, auf die man sein Hauptaugenmerk lenken sollte. Die Kerne bzw. deren Extrakt gehen den Menschen unter die Haut, sie helfen, den Körper als Ganzes zu versorgen, zu heilen, gesund zu erhalten und seine Leistungskraft zu erhöhen.

Das OPC steckt in den Kernen und ist dabei noch nicht einmal versteckt. Es befindet sich nämlich in den Schalen der Kerne. Dort ist der Anteil an OPC besonders hoch. Um daran zu gelangen, bedarf es einiger an sich ganz einfacher Schritte. Als Erstes werden die Trauben getrocknet. Dann werden sie gekeltert und ausgepresst und die Schalen gemahlen. Das bringt das Pulver, das man dann in die Kapseln füllen kann. Dieser Prozess ist so sanft, dass die wertvollen Inhaltsstoffe, auf die es tatsächlich ankommt, erhalten bleiben. Auf jede Form von chemischer Behandlung wird dabei verzichtet. Man erhält also ein 100%iges Naturprodukt. Hier kann man mit gutem Gewissen zugreifen, und braucht sich keine Sorgen über Spät- oder Nebenwirkungen zu machen.

Die eigene Herstellung des Traubenextraktes ist theoretisch möglich, doch es bringt einen sehr großen Aufwand mit sich. Wer sich wirklich sein OPC in Heimarbeit selbst herstellen möchte, muss alle Schritte der professionellen Verarbeitung wiederholen. Das bedeutet, man muss selbst die Früchte auspressen und dann trocken. Dann muss man die Kerne aus den Trauben nehmen und deren Schale zermahlen. Das Pulver enthält dann das OPC, aber nicht in einem reinen Zustand, jedoch mit einem hohen Anteil. Jetzt kann man dieses Pulver selbst verzehren, denn man wird sich kaum selbst daheim die Kapseln herstellen können. Das Lagern des Pulvers muss dann vor allem trocken geschehen und wirft damit seine eigenen Probleme auf. Bevor man sich an diese langsame und aufwendige Arbeit macht, sollte man sie doch lieber den Profis überlassen. Diese wissen auch aufgrund von Laboranalysen, wie hoch die Anteile des OPC in dem Produkt am Ende wirklich sind.

Der Extrakt aus den Traubenkernen enthält mehr als nur einen Inhaltsstoff. Da sind die Flavonoide als Vertreter der sekundären Pflanzenstoffe. Dazu kommen Catechine, die die eigentliche Wirkung als Antioxidans mit sich bringen. Im Weiteren enthält der Extrakt aus den Traubenkernen auch noch die Lignane. Auch die Lignane bringen eine antioxidative Wirkung mit sich. Dazu kommt noch Resveratrol, das ein Polyphenol darstellt.

Das OPC bringt also neben seiner Wirkung, das Blut zu verdünnen, vor allem viele Stoffe mit sich, die eine antioxidative Wirkung aufweisen. Damit sorgt es für den Verjüngungseffekt, schützt den Körper und seine Organe und hilft der Regeneration. Insgesamt fühlen wir uns damit frischer, stärker und leistungsfähiger.

Das OPC kommt aber nicht nur in den Trauben bzw. deren Kernen vor. Es ist auch in vielen anderen Pflanzen enthalten und versteckt sich auch dort überwiegend in den Schalen und Kernen. Das bedeutet, dass man auch seine Ernährung auf einen größeren Anteil an OPC einstellen kann. Dazu muss man einfach nur verstärkt die Lebensmittel aufnehmen, die eine gewisse Menge an OPC mitbringen.

Wer mehr OPC über die Ernährung aufnehmen möchte, sollte als Erstes keine kernlosen Trauben essen, sondern sich an die Trauben mit Kernen halten und natürlich die Traubenkerne nicht ausspucken. Ebenfalls kann man OPC im grünen Tee finden. Den kann man nebenbei trinken und seinem Körper direkt etwas Gutes tun. Weiterhin sollte man ruhig viele Heidelbeeren oder Erdbeeren essen, denn auch sie sind nicht gerade arm an ihrem Anteil an OPC. Weiterhin ist natürlich ein Gläschen Rotwein nicht falsch. Äpfel sind ein gesunder Snack, der auch OPC enthält. Dazu kommen noch Apfelsaft, Pinienrinde, Bananen und Erdnüsse, wenn man sie mit ihrer roten Schale isst.

Das OPC ist nicht als Medikament zu verstehen. Die Einnahme erfolgt also nicht ausschließlich zur Heilung von Erkrankungen und sie erfolgt vor allem dann nicht, wenn man sie bei einer Erkrankung anstelle der verschriebenen Medikamente vornehmen möchte. Das OPC ist ein Nahrungsergänzungsmittel. Es sollte so verstanden und eingenommen werden. Es ergänzt also die Ernährung und macht sie gesünder, was vor allem dabei hilft, Erkrankungen vorzubeugen. Auch ist die Einnahme begleitend zu einer Medikation zur Behandlung einer Erkrankung möglich.

Als Nahrungsergänzungsmittel ist die Einnahme vor allem dann angesagt, wenn man Entzündungen aufweist bzw. diese zu befürchten sind. Die OPC-Kapseln enthalten vor allem eine sehr hohe Konzentration und eignen sich daher sehr viel mehr zur Ergänzung der täglichen Ernährung als der vermehrte Verzehr von Lebensmitteln, die OPC enthalten. Das gilt auch und vor allem, wenn man seinen Körper generell jung und gesund halten möchte.

Die Einnahme des OPC als Pulver sollte auf nüchternem Magen geschehen und vor allem sollte dabei keine Milch oder Milchprodukte verzehrt werden. Als Kapsel ist es jedoch besser, das OPC direkt zu oder kurz nach einer Mahlzeit einzunehmen. Ebenso wie bei der Einnahme von Vitaminen und Arginin sollte man jedoch von einer Nutzung des OPC absehen, wenn eine einschlägige Allergie vorliegt.

Weiterhin sollte eine Kombination des OPC mit anderen, Blut verdün-nenden Medikamenten besser vermieden werden, weil das OPC selbst als Blutverdünner wirkt.

Die Tagesdosis wird nach dem Körpergewicht berechnet und normalerweise werden 2,5 mg je Kilogramm Körpergewicht empfohlen. Es ist aber auch möglich, dies auf 2,8 mg oder gar 3 mg je Kilogramm Körpergewicht zu steigern. Hier muss man für sich individuell herausfinden, welche Dosis einem das beste Wohlbefinden ermöglicht. Dazu muss man also auf den eigenen Körper und seine Signale achten.

Wer sein OPC als Kapseln nimmt, sollte als täglichen Richtwert zwei bis fünf Kapseln einnehmen. Wer dagegen Pulver verwendet, sollte davon einen halben bis zwei Teelöffel verzehren. Wann man dies am besten einnimmt, ob nun am Morgen oder am Abend, das bleibt jedem selbst überlassen. Das OPC bleibt im Körper für 24 Stunden wirksam, daher sollte man nur den Takt nicht ändern. Wer also sein OPC am Morgen einnimmt, sollte es auch an allen Folgetagen am Morgen ein-nehmen. Wer sich dagegen für den Abend entschieden hat, sollte auch an den nächsten Tagen sich sein OPC immer am Abend zuführen.

Als antioxidatives Mittel dient das OPC dem Schutz des Körpers und seiner Organe. Daneben ist seine wichtigste Funktion aber auch die Entgiftung. Hier braucht vor allem die Leber Hilfe, die die Gifte, die aus der Umwelt in uns gelangen, aus dem Blut filtert und dabei selbst nur allzu oft geschädigt wird. Das OPC hilft der Leber, die Gifte nun ihrerseits auszuscheiden, und sich wieder zu regenerieren. Menschen, die eine eher ungesunde Ernährungsweise besitzen, sollten auch eher das OPC zur Entgiftung einsetzen. Damit kann man die Stoffe, die un-seren Körper belasten, zum Beispiel aus der industriellen Nahrungs-verarbeitung, aus dem Rauchen von Zigaretten oder auch aus dem Genuss von Alkohol, schnell aus dem Körper bekommen, sodass sie keinen großen Schaden mehr anrichten können.

Was ist beim Kauf zu beachten?

Heutzutage werden immer mehr OPC-Kapseln, Pulver und andere Produkte auf den Markt geworfen. Da wird es immer schwieriger, sich das Richtige herauszusuchen. Daher ist es wichtig, dass man weiß, worauf man zu achten hat, um das wirklich gute OPC aus der Masse herauszufiltern, und nicht einem schlechten Produkt aufgesessen zu sein.

Verschiedene Hersteller versprechen oft reine Wunder. So gibt es auch OPC-Kapseln, die angeblich 600 mg reines OPC enthalten sollen, also nicht etwa 600 mg Polyphenole mit 40 % reinem OPC, sondern 600 mg von dem richtigen OPC. Daraus könnte man dann schließen, dass die Kapsel selbst zwischen 1200 und 1500 mg an Polyphenolen enthält. Nun, das ist jedoch eher unwahrscheinlich. In solchen Momenten, wenn man derartige Werte liest, muss man einfach nachdenken, ob das überhaupt stimmen kann.

Neben den Werten kann und muss man auch auf seinen Körper hören. Die meisten Menschen können eine Kapsel, die eine Dosis von 200 mg echtem OPC enthält, ohne Probleme vertragen. Wer jedoch eine Kapsel einnimmt, deren Wirkstoff 600 mg reines OPC enthält, sollte eine Reaktion des Körpers erfahren. Dies kann aus einem Unwohlsein oder ähnlichen Dingen, die sich im Magen-Darm-Trakt abspielen, bestehen. Tritt die Reaktion jedoch nicht auf, dann hat man auch höchstwahrscheinlich kein so hoch dosiertes OPC zu sich genommen.

Ein weiterer Weg, auf den Gehalt der Kapsel zu schließen, geht über die Farbe. Dies ist natürlich keine absolut genaue Methode, doch die Farbe des Inhalts einer Kapsel lässt Rückschlüsse darauf zu, wie viel OPC sie enthält.

Das OPC selbst, das reine Mittel, hat eine rote bis kirschrote, kräftige

Farbe. Je heller jedoch der Inhalt einer Kapsel ist, desto weniger echtes OPC enthält sie. Ein völlig weißer Inhalt ist damit ein OPC-Anteil, der entweder bei null liegt oder gegen null tendiert. Je kräftiger jedoch das Rot, desto mehr echtes OPC ist in dem Mittel enthalten. Die Färbung der Traube selbst, aus der der Extrakt gewonnen wurde, spielt dabei keine Rolle, denn die Farbe kommt nicht von der Traube, sondern von dem OPC selbst, das aus den Traubenkernen gezogen wurde.

Schwierigkeiten bei dem Vergleich von OPC macht auch der Umstand, dass es verschiedene Analyseverfahren gibt. Diese unterscheiden sich nicht nur in der Art, wie zu dem Ergebnis der Analyse gelangt wird, sondern auch viel zu oft im Ergebnis selbst. Das bedeutet, je nach angewendeter Methode kann der Unterschied bei dem gleichen Mittel bis zu 10 % betragen. Ein Mittel kann also mit einer Analysemethode ein zu 40 % reines OPC als Ergebnis liefern, und mit einer anderen Methode ein bis zu 50 % reines OPC. Anders ausgedrückt will man tatsächlich die Qualität der Produkte miteinander vergleichen, muss man auch wissen, nach welcher Methode diese analysiert worden waren, und das Ergebnis nur dann wirklich ernst nehmen, wenn es mit der gleichen Methode zustande kam.

Auch kommt es leider noch viel zu oft vor, dass die Hersteller etwas auf der Verpackung behaupten, das dann nichts mit dem echten Inhalt zu tun hat. Um diesen Schwindel zu verstehen, muss man sich ein wenig mehr mit der Materie des OPC auskennen.

Am Anfang des OPC steht die Traube. Deren Kerne werden benutzt, um den Traubenkernextrakt herzustellen. In diesem Traubenkernextrakt steckt ein gewisser Anteil an Polyphenolen. Diese werden oftmals als der Anteil mit 95 % angegeben. Das ist auch gut und okay, doch das ist nicht der Anteil an OPC. In diesen Polyphenolen stecken die Proanthocyanidine. Diese unterteilen sich noch einmal in monomere, polymere und oligomere Proanthocyanide. Die letztere Gruppe, die oligomeren Proanthocyanide sind dann das OPC. Das bedeutet, die meisten Angaben, die man findet, beziehen sich nicht auf das OPC selbst, sondern auf die anderen Stoffe, an denen das OPC nur einen kleineren Anteil hat. Die Hersteller unterscheiden also nicht genau genug in der Art der Stoffe, weil sie natürlich wissen, dass vermeintlich hohe Anteile auch ein gutes Argument für einen Kauf sind. Anders ausgedrückt, wer einen hohen Anteil an Polyphenolen auf seine Packung abdruckt, wird mehr Mittel verkaufen, als derjenige, der den echten, aber kleineren Anteil an dem wirklichen OPC angibt.

Ein weiterer Anhaltspunkt hinsichtlich des Anteils des OPC ist der Geschmack. Das OPC ist sehr reich an Bitterstoffen, dementsprechend deutlich ist auch dessen bitterer Geschmack. Wenn nun ein Mittel behauptet, einen sehr hohen Anteil an OPC zu haben, dann muss es einen Geschmack aufweisen, der deutlich bitterer als der Geschmack eines Mittels mit weniger OPC ist. Man kann dies einfach vergleichen, indem man die Kapsel aufbricht und den Inhalt in einem Glas Wasser auflöst. Hier kann dann ein einfaches Kosten schnell beweisen, welches Mittel tatsächlich über mehr OPC verfügt.

Was ebenfalls Rückschlüsse auf die Qualität zulässt, ist der Preis. Man muss einfach verstehen, dass das Extrahieren des OPC bestimmte Kosten verursacht. Je genauer und besser man dabei vorgeht, desto höher sind auch die Kosten. Wenn also ein Mittel angeblich einen höheren Anteil als alle anderen Mittel aufweist, dann muss es auch einen höheren Preis besitzen. Ist der Preis jedoch geringer, dann sollte man entweder die Finger davon lassen oder einfach von einem geringeren Anteil ausgehen. Mit dem Geschmack, der Färbung und der Reaktion des Körpers kann man dann für sich selbst überprüfen, inwieweit die Behauptung der Wahrheit entspricht.

Eine sehr sichere Vorgehensweise ist, wenn man das OPC direkt als Pulver kauft. Hier kann man sehr leicht selbst dosieren und die Berechnung des Anteiles dient dann nur noch als Preisvergleich. Hier sind auch günstige Angebote nutzbar. Das kommt einfach daher, weil die Produktionskosten geringer sind. Der Arbeitsschritt, das OPC in Kapseln zu füllen, entfällt einfach. Es wird einfach das gewonnene

Pulver direkt verpackt und versendet, was natürlich auch einen günstigeren Preis erlaubt.

Bei der Einnahme von OPC sollte man immer darauf achten, dass man eine gute Qualität kauft, denn man will sich mit dem Heilmittel nicht gleichzeitig wieder neues Gift zuführen und dann erneut wieder seine Gesundheit schädigen. Wie man jedoch die Qualität erkennt, ist nicht immer so einfach, denn nicht nur gibt es Mengenangaben, Anteile und Preise, diese variieren auch noch erheblich und sind nicht immer leicht in einen vernünftigen Zusammenhang zu bringen.

Wichtig ist, dass man einen Anteil überhaupt ablesen kann. Dazu muss man aber nicht nur die Zahl selbst wissen, sondern auch, wofür sie steht. Am besten wäre es natürlich, wenn man direkt und tatsächlich den Anteil des OPC aufgedruckt vorfinden könnte, doch das gibt es in den allermeisten Fällen nicht. Dann muss man eben wissen, wofür der Anteil steht, und dass zum Beispiel das OPC, je nach Herstellung, einen Anteil von 30 bis 50 % an den Polyphenolen hat. Die Packung muss man also genau anschauen und überprüfen, ob alle Anteile richtig angegeben sind. Das bedeutet, dass man weiß, worauf sich die angegebenen Anteile beziehen.

Die Herstellung selbst kann auf verschiedenen Wegen erfolgen. Besonders eine schonende Gewinnung des OPC ist zu bevorzugen, weil dies wiederum einen geringeren Anteil von Chemikalien bei der Herstellung bedeutet. Wie sanft oder wie intensiv die Gewinnung des OPC aus den Traubenkernen vorgenommen wurde, kann man aus dem Anteil des OPC innerhalb des Mittels erkennen. Je höher der Anteil, desto unnatürlicher und intensiver war die Herstellung und desto mehr Chemikalien wurden verwendet. Das aber vernichtet den eigentlichen Zweck des Mittels, nämlich die Natur zurück in den Körper zu bringen. Ein Wert von 30 bis 40 % ist zu bevorzugen.

Ein gutes Produkt sollte auch gleich noch Vitamin C enthalten, denn dieser Stoff geht mit dem OPC eine Wechselwirkung ein, die erst die eigentliche Förderung der Gesundheit bringt. Das Gleiche gilt auch für Mineralien, die auch schon enthalten sein sollen. Dann braucht man nicht so viele Mittel einzeln und getrennt zu nehmen, was die Einnahme selbst vereinfacht und auch verhindert, dass man einfach mal ein Mittel vergisst.

Weiterhin muss ein gutes Mittel ausweisen, welche anderen Inhaltsstoffe sich darin noch befinden. Dazu kommt, ob sich das Mittel für eine vegetarische oder vegane Ernährung eignet, sprich, dass dabei keine tierischen Produkte verwendet wurden. Es sollte auch immer frei von Farbstoffen, Konservierungsstoffen und anderen, künstlichen Dingen sein.

Auch sollte angegeben sein, woher die Trauben kommen. Trauben aus China haben eine andere Qualität als Trauben aus Frankreich. Man sollte also wissen, welche Trauben aus welchem Land und am besten auch noch aus welcher Region sie stammen. Die Qualität der Trauben beeinflusst auch die Qualität des OPC und deshalb ist die Angabe der Herkunft nicht zu unterschätzen.

Das Herstellungsverfahren sollte ebenfalls angegeben sein, damit man einen Einblick bekommt, wie natürlich und wie chemisch der Prozess verlief. Die Natur will geschont sein. Nimmt man jedoch eine verletzte Natur ein, weil die Herstellung extrem unnatürlich geschah, dann tut man auch seinen Körper nicht wirklich etwas Gutes.

Es ist vor allem noch zu beachten, dass die Herstellung der Kapseln nicht bedeutet, dass das Mittel wirklich in Deutschland hergestellt wurde. Es kann ebenso leicht in China aus chinesischen Trauben hergestellt worden sein und dann wurde es als Pulver nach Deutschland geschickt, wo es dann als Kapsel weiterverarbeitet wurde. Dieser kleine Schritt am Ende, die Verarbeitung zu einer Kapsel hier in Deutschland, ist genug, um eine Markierung „Hergestellt in Deutschland" zu rechtfertigen. Dies ist also kein Garant für eine gute Qualität.

OPC für Tiere

Naturheilmittel sind nicht einfach immer nur etwas für Menschen. Unsere besten Freunde, unsere Haustiere, werden auch krank. Sie leiden an den gleichen Beschwerden, wie wir Menschen. Da macht es Sinn, ihnen die gleiche Natur für ihre Gesundheit zu geben, wie wir Menschen sie für uns in Anspruch nehmen.

Auch Hunde, Katzen und andere Tiere leiden unter Gelenkbeschwerden. Auch sie sind den Angriffen von freien Radikalen ausgesetzt und auch sie leiden unter Mangelerscheinungen. Letzteres trifft insbesondere dann zu, wenn die qualitativ gute Nahrung einfach zu hochpreisig ist. Außerdem kommen unsere Tiere mit den gleichen Umweltgiften in Berührung, wie wir. Sie werden also im gleichen Maße geschädigt und brauchen auch die gleiche Hilfe.

Ein Beispiel für das neue Futter, mit denen man Tiere heilen und ihnen helfen kann, ist DOGenesis. Dieses Futter ist gut für Hunde und Katzen und andere Tiere und es enthält OPC, L-Arginin und auch MSM. Damit kann man den Tieren einen Cocktail von der Art liefern, der die Mangelerscheinungen bei ihnen ebenfalls beendet und auch ihrem Körper die Möglichkeit bietet, sich voll zu regenerieren, indem es die nötigen Baustoffe liefert und deren Transport im Blut ermöglicht.

OPC hilft den Tieren, sich der freien Radikale zu erwehren. Sie können damit auch ihr Blut verdünnen und so besser die Nährstoffe im Körper dahin bringen, wo sie gebraucht werden und zugleich die Gifte wieder abtransportieren. Das hilft auch den Gelenken und hält das Tier jung.

Ein Problem, was viele nicht wissen, besteht zum Beispiel vor allem bei den Hunden. Diese stammen vom Wolf ab. Wenn aber der Wolf ein Tier reißt und es dann verspeist, stürzt er sich sofort auf den Magen. Sein Opfer ist jedoch ein Pflanzenfresser und dementsprechend ist auch der Magen gefüllt. Das Hundefutter trägt diesem Umstand jedoch nicht Rechnung und genau das löst einen Mangeleffekt aus.

Das L-Arginin bringt die Baustoffe und die natürlichen Schwefelverbindungen in den Körper, die es dem Hund, aber auch anderen Tieren, gestattet, die Mangeleffekte auszugleichen. Das bedeutet, dass Wunden schneller heilen, Gewebe sich regeneriert und Entzündungen gehemmt werden.

Das MSM kommt in den Körper und es ist selbst eine organische Schwefelverbindung. Es macht die Zellmembran durchlässig, sodass dort die Nährstoffe und der Sauerstoff leichter hineingelangen können. Gleichzeitig können die Giftstoffe schnell abtransportiert werden. Zusammen ergibt das eine entzündungshemmende Wirkung. Weiterhin wirkt das MSM antibakteriell, was einer Bakterieninfektion vorbeugt.

Das OPC dann wirkt antioxidativ und es verdünnt das Blut. Dadurch können mehr Stoffe transportiert werden, die dann leichter durch das MSM in die Zellen gelangen können und dank des L-Arginins die Baustoffe beinhalten, die zur Regeneration der Zellen nötig sind.

Übliches Hundefutter wird unter Druck und unter hohen Temperaturen hergestellt. Das bedeutet, dass sich das MSM bereits bei der Herstellung verflüchtigt und auch die anderen Nährstoffe nicht mehr die nötige Qualität aufweisen. Das DOGenesis dagegen wird kalt hergestellt und behält so die Vitamine, Nährstoffe, MSM und auch die Spurenelemente, wie sie von einem Tier benötigt werden.

Kritik am OPC

Der rumänische Automechaniker, der mit blauen Trauben um sich wirft. Das kann eine Überschrift für einen Artikel gegen das OPC sein. Warum? Weil die Person, die das Mittel hier in Deutschland so eifrig gegenüber der Bevölkerung anpreist, ein gebürtiger Rumäne ist, der das Handwerk eines Automechanikers erlernt hat und heute mit dem Extrakt aus blauen Trauben die Deutschen heilen und sein Geld verdienen möchte. Die Rede ist von Robert Franz, der das OPC nicht erfunden hat und dies auch nie behauptet, der ihm aber hier und weltweit zum Erfolg verhelfen möchte. Was hat das mit dem OPC selbst zu tun? Das OPC ist angeblich ein Heilmittel. Damit muss man sich mit dem OPC, aber auch mit der Person, die damit heilen möchte, befassen. Beides kann für sich genommen positiv und negativ sein. Die Person kann tatsächlich heilen oder auch nicht, und das Mittel kann tatsächlich eine Hilfe darstellen oder sogar im schlimmsten Fall den Körper belasten. Bis hierher haben wir alles Gute zu Wort kommen lassen. Jetzt schauen wir uns einmal an, was die Kritiker zum OPC und dem Heiler, der es gegen Geld verteilen möchte, zu sagen haben.

OPC hat angeblich keine Nebenwirkungen und kann auch angeblich nicht zu hoch dosiert werden. Angeblich ist es so natürlich, sanft und unschädlich, dass man es selbst noch einer schwangeren Frau oder einer Frau, die ein Baby stillt, geben könnte. Stimmt das jedoch? Keine Nebenwirkungen bedeutet, man nimmt das Mittel und es hilft, und das war es dann auch. Es bedeutet, dass nichts weiter als die gewollte Hauptwirkung eintritt. Was aber ist eine Nebenwirkung? Das ist eine Wirkung, die durch die Einnahme entsteht und eben nicht die gewollte Hauptwirkung darstellt.

Viele Leute, die das OPC vor allem am Morgen und auf nüchternem Magen nehmen, berichten von einer Wirkung. Sie verspüren Übelkeit. Ist die Übelkeit jedoch gewollt? Nein, sie ist eine Nebenwirkung, denn sie tritt immer dann auf, wenn man das OPC gerade genommen hat. Es gibt also doch eine Nebenwirkung. Die Übelkeit tritt auch vor allem dann auf, wenn man ein höher dosiertes OPC nimmt. Das jedoch bedeutet auch, dass man das OPC sehr wohl überdosieren kann, denn es bringt in einer zu hohen Dosis eben besagte Übelkeit. Wenn aber eine so wesentliche Sache, wie die Nebenwirkung und die angebliche Sicherheit, weil man ja nicht das OPC überdosieren kann, nicht stimmt, und diese Behauptung auch noch von dem Menschen, der das Mittel am meisten anpreist, gemacht wurde, dann muss man anfangen, auch noch viel mehr infrage zu stellen.

Die Nebenwirkung Übelkeit, die bis zu Schweißausbrüchen gehen kann und angeblich nicht existiert, kommt von den Bitterstoffen, die in dem OPC selbst enthalten sind. Das bedeutet, dass diese Nebenwirkung nicht durch die falsche Behandlung eines einzelnen Herstellers oder durch das Beimengen von falschen Inhaltsstoffen geschehen ist. Die Bitterstoffe entstammen dem OPC und sie sind es, die die Übelkeit auslösen.

Die Menschen wiederum sind unterschiedlich. Das bedeutet, dass die einen empfindlicher und die anderen weniger empfindlich auf Bitterstoffe reagieren. Der Unterschied ist jedoch weit weniger, als man denkt, denn irgendwann wird immer eine Dosierung erreicht, bei der die Übelkeit auch noch beim Letzten von uns auftreten würde.

Wenn nun schon zumindest eine Behauptung von den OPC-Befürwortern selbst widerlegt wird, denn selbst in ihren Kreisen ist die Übelkeit bekannt und wird thematisiert, dann wird es interessant, sich den Hauptbefürworter, Robert Franz, einmal genauer anzuschauen.

Robert Franz trat in einer Internetshow auf YouTube auf, und dort wurden alle seine Kritiker aufgefordert, in die Sendung zu kommen und dann dort ihre Fragen oder ihre Kritiken direkt ihm gegenüber zu äußern, und er werde dann darauf antworten. Drei Wochen später gab es dann eine weitere Sendung, in der dann die angebliche Kritikrunde stattfinden sollte und niemand kam. Interessant ist jedoch, dass die Kleidung, die Frisuren und sogar die Fussel auf der Kleidung in beiden Sendungen genau gleich waren und auch das Dekor sich absolut nicht verändert hatte. Der Hintergrund ist ganz einfach. Beide Sendungen wurden gleich hintereinander aufgenommen. Es gab also niemals die Intention, sich den Kritikern zu stellen, sondern diese nur mit dieser Farce zu diskreditieren. Wenn aber Robert Franz ein echtes Heilmittel vertritt, hat er dann ein solches Spiel nötig? Warum macht er das? Das kann doch nur bedeuten, dass er den Kritikern nicht antworten kann oder will, und dass seine Mittel damit auch kein Vertrauen verdienen.

Es wird versucht, Robert Franz als David in seinem Kampf gegen Goliath darzustellen. Goliath ist dabei die übermächtige Pharmaindustrie. Robert Franz kämpft den Kampf, um die Gesundheit in die Welt zu bringen. Es gab aber viele Anrufe bei ihm, als Reaktion, zu der angesprochenen Lügensendung. Robert Franz konnte dabei Fragen nicht beantworten und auch nichts erklären, wenn er zu seinem angeblichen Wundermittel befragt wurde.

Ein weiterer Hinweis auf den Pfuscher Robert Franz ist sein eigenes Video zur Dosierung von OPC und den diversen anderen Mitteln, die man begleitend einnehmen soll. Dabei werden lapidar völlig unrealistische Dosen in den Raum geworfen. Gut, die Dosen seien einfach mal dahingestellt. Das Lapidare, das ist das Problem. Wenn er so ein begeisterter Verfechter der selbst bestimmten Gesundheit ist, warum erklärt er die Dosen nicht, sondern wirft sie nur in den Raum? Wobei er Spannen von 200 bis 1000 mg aufmacht. Das sind aber absolut keine realistischen Bereiche mehr. Weiterhin sagt er selbst, dass man dieses und jenes Mittel nicht überdosieren kann, und beschreibt dann später im selben Video, wie eine Überdosierung, die nach seiner eigenen Bemerkung gar nicht möglich ist, nutzbringend abgewendet werden kann.

Robert Franz hat einfach keine Ahnung von den Dingen, die er behauptet. Er kann keine Studien verstehen, wissenschaftliche Zusammenhänge begreifen und auch sonst nicht die hochgebildeten Ansätze verarbeiten, die er selbst ständig um sich wirft. Er befasst sich mit einer Thematik, in der er ein absoluter Laie ist, und das ständig unter Beweis stellt.

Das OPC ist nur ein weiteres Mittel, welches verspricht, alles zu heilen, keine Nebenwirkungen zu haben und für jeden einsetzbar zu sein. Andere Mittel sind zum Beispiel MMS und das MSM und dann gibt es noch Weitere, die wir nicht alle anführen müssen. Was ist der Witz daran? Die Menschen heute sehen sich verloren. Die Religion hat ihre Macht eingebüßt, doch ohne die Religion sind wir den Sorgen des Lebens schutzlos ausgeliefert. Alle wollen wir uns besser fühlen und dann gehen wir eben auf solche allgemeinen Heilversprechen ein, denn sie geben uns einen vermeintlichen Schutz gegen die heutigen Krankheiten. Früher gingen wir in die Kirche und heute essen wir Nahrungsergänzungsmittel. So aber, wie das Gebet nicht unbedingt eine Heilung bringt, so ist auch das Nahrungsergänzungsmittel nur ein Ding des Glaubens.

Es ist auch leicht, in diesem Zusammenhang die Pharmakonzerne zu beschuldigen und anzugreifen. Als große, gesichtslose Unternehmen ist es nur zu einfach, ihnen die Schuld an allem zu geben. Wenn aber das OPC ein solch einfaches und geniales Mittel wäre, dann würde es schon überall verkauft werden. Warum? Die Pharmakonzerne wollen auch Geld machen. Sie haben jedoch hohe Kosten aufgrund ihrer ständigen Forschungsarbeit. Wie einfach wäre es da, mit einem solchen Mittel, wie zum Beispiel OPC, ewige Gesundheit zu bringen? Die Pharmakonzerne könnten es billig herstellen und teuer verkaufen und damit einen riesen Reibach machen. Alternativ könnten sie auch das Mittel billig herstellen und billig verkaufen und damit ihre Konkurrenz vom Markt fegen. So oder so, ein Mittel wie OPC, welches dann auch noch tatsächlich hilft, wäre für die Pharmakonzerne die willkommene Milchkuh, die sich immer und immer wieder für Geld melken lässt. Anders ausgedrückt, OPC wirkt nicht, denn sonst würde es mindestens ein Pharmariese verkaufen.

Wenn man jedoch, nur für das Gedankenspiel, eine Verschwörung der Pharmakonzerne annehmen möchte, sollte man auch mal bedenken, wie viele Tausend Menschen daran beteiligt sein müssen. Seit wann kann ein Geheimnis, das Tausenden bekannt ist, tatsächlich geheim gehalten werden? Jemand würde seinem Gewissen nachgeben und die Verschwörung publik machen.

Was dann dem Ganzen noch den Hut aufsetzt, ist das Tierfutter. Robert Franz hat selbst gesagt, dass die Tiere sich dichter bei der Natur befinden, als der Mensch. Das mache sie auch hundertmal gesünder, als es der Mensch sei. Wieso also braucht es dann das Tierfutter, welches neben dem OPC auch noch MSM enthält? Wenn die Behauptung von Robert Franz stimmt, sollten doch wir Menschen besser so essen, wie die Tiere, und nicht noch diese mit unseren Nahrungsergänzungsmittel beglücken, denn sie leben doch gesünder als wir. Auch hier widerspricht sich der selbst erklärte Ernährungs- und Gesundheitsexperte selbst und zieht damit auch gleich noch alle seine anderen Ausführungen infrage.

Fazit

OPC, Heilmittel oder Schwindel? Robert Franz, Heiler oder Scharlatan? Die Meinungen gehen auseinander und es wird viel auf beiden Seiten behauptet. Es wäre einfach, wenn wir selbst der Wahrheit auf den Grund gehen könnten und wir selbst ein Labor hätten, um alles zu analysieren. Aber halt! Das haben wir doch.

Wer die Wahrheit über Robert Franz und die Heilung durch OPC erfahren möchte, braucht nicht weit zu gehen. Als Erstes muss man festhalten, dass das OPC definitiv nicht giftig ist. Wenn es das wäre, denn wäre es längst verboten. Man kann es also zu sich nehmen und damit im schlimmsten Fall teuren Urin produzieren, im besten Fall aber seinem Körper etwas Gutes tun.

Da sind wir dann auch bereits dort, wo wir sein wollen. Wir brauchen ein Labor und wir tragen dieses Labor alle bei uns. Wir haben unseren eigenen Körper. Unser Körper weiß selbst, was er am meisten braucht. Wir können einfach einen Selbstversuch wagen. Wie gesagt, das OPC ist nicht giftig, also wird es auch nicht schaden, wenn man sich einmal eine Packung bestellt und das Mittel einfach mal probiert.

Robert Franz und andere, die das OPC befürworten, haben eine Menge Versprechungen gemacht und sich dabei auch mit Sicherheit versprochen. Es stimmt einfach, dass sich die Leute über Übelkeit beschweren, denn selbst die Befürworter des OPC greifen diese Behauptung nicht an, sondern auf. Sie diskutieren sie und versuchen, Lösungen zu finden. Das bedeutet, man sollte am Anfang die Dosierung nicht so hoch wählen.

Man sollte seinen Selbstversuch nicht zu kurzhalten. Der Körper braucht eine Zeit, um sich auf alles Neue einzustellen. Daher sollte man ruhig die ganze Packung langsam und in kleinen täglichen Dosen aufbrauchen. Idealerweise sollte der Selbstversuch einen Monat dauern. Erfährt man in diesem Monat eine Verbesserung, fühlt man sich stärker, energiegeladener, stressloser und gesünder, dann waren die Behauptungen richtig und man kann das Mittel getrost weiternehmen.

Fühlt man jedoch negative Effekte oder überhaupt nichts, dann trafen die Behauptungen nicht zu und man kann sich in Zukunft sein Geld sparen. Sinn macht ein Selbstversuch jedoch, denn beide Seiten, die Befürworter und Gegner, haben Argumente, die für ihre jeweilige Seite überzeugend klingen. Daher sollte man einfach die Mündigkeit besitzen und sich selbst ein Bild machen.

Schaut man sich die Behauptungen der Befürworter an, dann ist es wahr, dass wir heute Krankheiten bzw. Krankheitsbilder haben, die wir früher kaum kannten. Wir haben uns von der Natur entfernt und wir leiden an Zivilisationskrankheiten. Daher ist es richtig, dass man seinem Körper wieder Natur geben sollte.

Es stimmt auch, dass die Äderchen in den Gelenken, der Haut und vor allem dem Gehirn sehr klein sind. Dünnes Blut ist hier klar im Vorteil. Daher macht auch diese Behauptung der Befürworter Sinn und man kann den Selbstversuch wagen.

Weiterhin ist es richtig, dass wir uns heutzutage anders als früher ernähren. Unser Körper ist einfach biologisch nicht auf unsere heutige Ernährung programmiert. Da stimmt es schon, dass wir immer mehr Mangelerscheinungen erleben und selbst die Schulmedizin hat das bereits anerkannt. Die meisten der heutigen, sogenannten Zivilisationskrankheiten lassen sich auf einen Mangel an Vitaminen oder Mineralien oder Basen oder, oder, oder zurückführen. Da wäre es wirklich eine Hilfe, wenn man ein Mittel bzw. eine Kombination von Mitteln finden könnte, die diese Mängel insgesamt ausgleichen könnten.

Es ist auch wichtig, wenn man das Mittel nehmen möchte, es in der richtigen Dosierung und der richtigen Qualität zu tun. Daher sollte man die Tipps beherzigen, die zum Kauf von OPC gegeben werden. Auch sind die Ausführungen hinsichtlich der Dosierung sehr von Belang, denn entgegen der Behauptung von Robert Franz kann man sich tatsächlich eine Überdosierung des Mittels geben. Das aber sollte man vermeiden, denn wenn der Körper davon das Gefühl der Übelkeit erhält, dann erscheint das OPC eben nicht ganz so hilfreich, wie man es uns weiß machen möchte.

Hinsichtlich der Tiere ist es auch wahr, dass sie den gleichen Umweltgiften, freien Radikalen und bestimmt auch den gleichen Mangelerscheinungen ausgesetzt sind. Wenn das OPC also beim Menschen hilft, dann kann man es auch seinem Haustier geben. Wichtig ist jedoch, dass man nicht den Hund oder die Katze als Versuchskaninchen missbraucht, sondern zuerst in einem Selbstversuch die Wirkung für sich selbst nachweist.

Für die Kritiker stimmt auch so Einiges. So ist es wahr, dass Robert Franz sich in mehrfacher Hinsicht selbst widerspricht. Im gleichen Vortrag erklärt er wiederholt von den Mitteln in seinem Wirkcocktail, dass es nicht möglich ist, diese über zu dosieren. Dann aber, nur einige Minuten später, spricht er von den Folgen der Überdosierung. Wer sich als Experte auf einem Gebiet so selbst widerspricht, muss es sich gefallen lassen, dass auch alle seine anderen Äußerungen unter die Lupe genommen werden.

Da ist zum Beispiel die Mär von der bösen Pharmaindustrie. Wenn diese so gewinnorientiert ist, was bestimmt auch so zutrifft, warum springt sie dann nicht auf den Zug von MMS, MSM und OPC auf? Sie kann auch damit einen Riesenprofit einfahren. Dass sie das nicht tut, zeigt jedoch, dass man zumindest einen gewissen Zweifel bei der Einnahme dieser Mittel an den Tag legen sollte. Außerdem sind Verschwörungstheorien leicht aufgestellt und verbreitet, denn man muss ja nichts beweisen. Da ist nur das eine Problem, dass solche Dinge selten geheim bleiben. Wenn es also eine Verschwörung gäbe, dann würde diese auch entdeckt werden.

Eines muss man jedoch dem Robert Franz lassen. Er spricht nicht um den heißen Brei herum. Er spricht nicht davon, dass es einem helfen könnte oder dass es etwas bringen kann. Nein, er spricht ganz klar: "Nimm das, und du wirst gesund!" Das bedeutet, er selbst hat eine Überzeugung und Überzeugungskraft, die es ihm gestattet, seinen Leuten Vertrauen einzuflößen. Das ist auch wirklich etwas Gutes, denn damit steht er für sein eigenes Mittel ein, und das bedeutet auch, dass man ihm kleinere Fehler, wenn er sich zum Beispiel selbst widerspricht, wieder verzeihen kann. Er trifft auf Kritik nur von denen, die auf Studien pochen, anstatt auf Überzeugungen zu setzen. Anders ausgedrückt, Wissenschaftler, Gebildete, Leute, die Studien einfacher verstehen, greifen ihn an, weil er anders ist. Die Kritik kommt also mehr aus persönlichen Belangen und weniger aus Überzeugung oder gar aus der Unwirksamkeit seiner Mittel. Es wird also in dem Moment zwar unsachlich kritisiert, doch dies auf unsachliche Basis gestellt. Robert Franz jedoch gibt den Leuten Hoffnung, und auch das ist ein wichtiges Element, wie man schon vom Placeboeffekt kennt. Anders ausgedrückt, seine Mittel wirken, weil er die Leute auf Empfangsbereitschaft stellt, weil er sie mit seiner Stimme und seiner Überzeugungskraft erreichen kann.

Bedeutet das, dass alles ein Placebo ist, was er beschreibt? Wer weiß? Aber ist das wichtig? Wichtig ist doch, dass ein Mittel Erfolg bringt. Tut es das, weil es wirkt? Oder tut es das, weil es Hoffnung bringt und der Körper sich durch die Hoffnung des Geistes heilt? Wen kümmert dieser Unterschied, solange die Wirkung besteht, und die Leute gesünder werden und sich besser fühlen? Man sollte sich einfach mal darauf einlassen. Darum ist auch hier der Selbstversuch so wichtig, denn es ist für jeden selbst festzustellen, ob das Mittel für ihn tatsächlich etwas bringt. Warum dann die Wirkung kommt, ist einfach nicht mehr von Belang.

Was bedeutet das alles? Es bedeutet nicht, dass man unbedingt die Hände vom OPC lassen muss. Dieses ist ja, wie schon erklärt, nicht giftig. Das bedeutet aber auch nicht, dass man allem gleich glauben kann, was man so hört. Es bedeutet, dass man mit Vorsicht vorgeht. Das bedeutet vor allem, dass man das Mittel nicht sofort bei denen einsetzt, die sich nicht wehren können, wie zum Beispiel Kinder oder Haustiere. Man sollte es, wenn man es verwenden möchte, unbedingt und in jedem Fall zuerst an sich selbst ausprobieren und das auch nur in geringeren Dosierungen. Man sollte dann unbedingt auf seinen Körper hören, denn wenn die Befürworter recht haben, wird man sich schon sehr bald sehr viel besser fühlen. Wenn sie jedoch nicht recht haben, wird man sich schlechter fühlen oder überhaupt keine Wirkung verspüren.

Impressum

Biohacking Academy wird vertreten durch:

Instyle Supply and Control Limited

20th Floor, Central Tower, 28

Queen's Road, Central, HK

Coverbilder

[creativelog] | [Fiverr]

Haftung für externe Links

Das Buch enthält Links zu externen Webseiten Dritter, auf deren Inhalt der Autor keinen Einfluss hat. Deshalb kann für die Inhalte externer Inhalte keine Gewähr übernommen werden. Für die Inhalte der verlinkten Webseiten ist der jeweilige Anbieter oder Betreiber der Webseite verantwortlich. Die verlinkten Seiten wurden zum Zeitpunkt der Verlinkung auf mögliche Rechtsverstöße überprüft. Rechtswidrige Inhalte waren zum Zeitpunkt der Verlinkung nicht erkennbar. Eine permanente inhaltliche Kontrolle der verlinkten Webseiten ist jedoch ohne konkrete Anhaltspunkte einer Rechtsverletzung nicht zumutbar. Bei Bekanntwerden von Rechtsverletzungen werden derartige Links umgehend entfernt.